建筑专业"十三五"规划教材

装配式建筑概论

主　编　赵富荣　李天平　马晓鹏
副主编　周小勇　蒲嘉霖　李月梅

哈尔滨工程大学出版社
Harbin Engineering University Press

内容简介

本书根据大中专院校土建类专业的人才培养目标、教学计划、装配式建筑概论课程的教学特点和要求，结合国家大力发展装配式建筑的国家战略及住建部《"十三五"装配式建筑行动方案》等文件精神，并按照国家、省颁布的有关新规范、新标准编写而成。本书包括绪论，装配式木结构建筑，装配式混凝土建筑，装配式钢结构建筑，装配式组合结构建筑，装配式建筑管理，装配式建筑的集成、模数化、数据化等 7 个情景。

本书可作为应用型本科、职业院校土建类专业基础课程教材，也可作为装配式（混凝土）建筑企业职工培训教材。

图书在版编目（CIP）数据

装配式建筑概论 / 赵富荣，李天平，马晓鹏主编.
-- 哈尔滨 ：哈尔滨工程大学出版社，2019.7（2023.8 重印）
ISBN 978-7-5661-2380-0

I. ①装… II. ①赵… ②李… ③马… III. ①装配式构件－概论 IV. ①TU3

中国版本图书馆 CIP 数据核字（2019）第 154567 号

责任编辑　王俊一
封面设计　赵俊红

出版发行　哈尔滨工程大学出版社
社　　址　哈尔滨市南岗区南通大街 145 号
邮政编码　150001
发行电话　0451-82519328
传　　真　0451-82519699
经　　销　新华书店
印　　刷　唐山唐文印刷有限公司
开　　本　787 mm×1 092 mm　1/16
印　　张　16.5
字　　数　366 千字
版　　次　2019 年 7 月第 1 版
印　　次　2023 年 8 月第 2 次印刷
定　　价　49.80 元
http：//www.hrbeupress.com
E-mail：heupress@hrbeu.edu.cn

前　言

近年来，建筑产业现代化受到了各方面的高度重视并得以大力推动，呈现了良好的发展态势。建筑产业现代化的核心是建筑工业化。其重要特征是采用标准化设计、工厂化生产、装配化施工、一体化装修和全过程的信息化管理。建筑工业化是生产方式变革，是传统生产方式向现代工业化生产方式的转变，它不仅是房屋建设自身的生产方式变革，也是推动我国建筑业转型升级，实现国家新型城镇化发展节能减排战略的重要举措。

发展新型建造模式，大力推广装配式建筑，是实现建筑产业转型升级的必然选择，是推动建筑业在"十三五"和今后一段时间赢得新跨越、实现新发展的重要引擎。装配式建筑可大大缩短建造工期，全面提升工程质量，在节能、节水、节材等方面效果非常显著，并且可以大幅度减少建筑垃圾和施工扬尘，更加有利于保护环境。为推进建筑产业现代化，适应新型建筑工业化的发展要求，大力推广应用装配式建筑技术，指导高等院校与企业正确掌握装配式建筑技术原理和方法，便于工程技术人员在工程实践中操做和应用，我们组织教学一线老师编写了《装配式建筑概论》一书。

本书包括绪论，装配式木结构建筑，装配式混凝土建筑，装配式钢结构建筑，装配式组合结构建筑，装配式建筑管理，及装配式建筑的集成、模数化、数据化等 7 个情景。本书的编写以装配式建筑国家和行业最新的规范、规程为依据，结合大量装配式混凝土建筑设计、生产、施工和管理经验，吸收了大量新工艺、新技术、新设备、新方法，层次分明，通俗易懂，便于读者快速了解装配式混凝土建筑的相关知识。

本书由甘肃建筑职业技术学院的赵富荣、李天平和马晓鹏担任主编，由贵州工程职业学院的周小勇、江西工程学院的蒲嘉霖和重庆电讯职业学院的李月梅担任副主编。本书配相关资料可扫封底二维码或登录 www.bjzzwh.com 下载获得。

本书可作为应用型本科、职业院校土建类专业基础课程教材，也可作为装配式（混凝土）建筑企业职工培训教材。

本书在编写过程中，难免有疏漏和不当之处，肯请各位专家及读者不吝赐教。

编　者

前　言

目　录

情景 1　绪论

情景导读

2016 年 2 月，国务院《关于进一步加强城市规划建设管理工作的若干意见》提出："力争用 10 年左右时间，使装配式建筑占新建建筑的比例达到 30％"。可以预见，在未来十年及更长的时间内，装配式建筑必然成为建筑行业的一大新兴力量，市场潜力巨大。那么什么是装配式建筑？它有哪些优势和缺陷？其历史沿革及发展轨迹如何？国外发达国家装配式建筑发展到什么水平？本情景将和读者一起探讨这些问题。

学习目标

（1）掌握《装配式建筑评价标准》（GB/T 51129—2017）的适用范围和评价指标；

（2）掌握装配式建筑的国家标准定义；

（3）熟悉装配式建筑的优、缺点与局限性；

（4）熟悉我国装配式建筑的现状；

（5）了解装配式建筑的类型；

（6）了解装配式建筑的发展历程。

1.1　装配式建筑的基本知识

装配式建筑是指建筑的部分或全部构件在构件预制工厂生产完成，然后通过相应的运输方式运到施工现场，采用可靠的安装方式和安装机械将构件组装起来，并具备使用功能的建筑。装配式建筑有两个主要特征：构成建筑的主要构件特别是结构构件是预制的；预制构件的连接方式是可靠的。

1.1.1　国家标准定义

按照装配式混凝土建筑、装配式钢结构建筑和装配式木结构建筑的国家标准关于装配式建筑的定义，装配式建筑是指"结构系统、外围护系统、内装系统、设备与管线系统的主要部分采用预制部品部件集成的建筑。"

这个定义强调装配式建筑 4 个系统（而不仅仅是结构系统）的主要部分是采用预制部品部件集成的。

雅典帕特农神庙是著名的古典装配式建筑，悉尼歌剧院是著名的现代装配式建筑，日本大阪北派公寓是当代最高的装配式混凝土建筑，但按照国家标准的定义，它们都不能算作装配式建筑。帕特农神庙的结构系统是石材部件装配而成的，但它的外围护系统和内装系统却不是部品部件的集成；悉尼歌剧院的结构系统和外围护系统是预制混凝土部件集成的，但它的内装系统和设备管线系统却不是预制部件集成；北派公寓的结构系统和外围护系统是预制混凝土部件集成的；但它的内装系统和设备系统的主要部分却不是预制部件集成的。

现在世界上许许多多或者说绝大多数装配式建筑都没有实现 4 个系统主要部分由预制部品部件集成。严格意义上说，国家标准定义了一个目前基本不存在的装配式建筑。

1.1.2　对国家标准定义的理解

国家标准关于装配式建筑的定义既有现实意义，又有长远意义。这个定义基于以下国情。

（1）近年来我国建筑特别是住宅建筑的规模是人类建筑史上前所未有的，如此大的规模适于建筑产业全面（而不仅仅是结构部件）实现工业化与现代化。

（2）目前我国还普遍存在建筑标准低，适宜性、舒适度和耐久性差，交付毛坯房，管线埋设在混凝土中，天棚无吊顶、地面不架空、排水不同层等。强调 4 个系统集成，有助于建筑标准的全面提升。

（3）我国建筑业施工工艺落后，与发达国家比较有较大的差距。

（4）由于建筑标准低和施工工艺落后，材料、能源消耗高，所以节能减排是一个非常重要的战场。

通过推广以 4 个系统集成为主要特征的装配式建筑，可以以此为契机，全面提升建筑现代化水平，提高环境效益、社会效益和经济效益。

1.1.3　装配式建筑的类型

1. 按主体结构材料分类

现代装配式建筑按主体结构材料分类，有装配式混凝土建筑、装配式钢结构建筑、装配式木结构建筑和装配式组合结构建筑。

2. 按建筑高度分类

装配式建筑按高度分类，有低层装配式建筑、多层装配式建筑、高层装配式建筑和超高层装配式建筑。

3. 按结构体系分类

装配式建筑按结构体系分类，有框架结构、框架-剪力墙结构、筒体结构、剪力墙结构、无梁板结构、空间薄壁结构、悬索结构、预制钢筋混凝土柱单层厂房结构等。

4. 按预制率分类

装配式混凝土建筑按预制率分类，有小于5％为局部使用预制构件，5％～20％为低预制率，20％～50％为普通预制率，50％～70％为高预制率，70％以上为超高预制率。

1.1.4　装配式建筑的历史

1. 装配式建筑的源头

建筑的源头可以追溯得很远很远。一些比灵长类更早的动物，也就是说早于6000万年前出现的动物，是各种建筑的始祖。有些动物是天生的建筑师，它们不用进建筑系不用掌握结构知识也不用学施工技术，就能建造非常棒的现浇"建筑"、装配式"建筑"和窑洞类"建筑"。

现浇建筑的始祖是蜜蜂、沙漠白蚁和金丝燕。蜜蜂用分泌出来的蜂蜡建造蜂巢。有一种沙漠石蜂用唾液和小沙粒混合成"蜂造混凝土"建造蜂巢。胡蜂和大黄蜂则用嘴嚼木质纤维，使纤维与唾液黏合，犹如造纸工艺一样制作纸浆纤维材料建造蜂巢。

澳大利亚有一种沙漠白蚁，用粪便和沙粒混合成"蚁造混凝土"，能建造3 m高的蚁巢，相对于体长，这么高的蚁巢相当于人类上千米的摩天大厦，比世界最高建筑——828 m高的迪拜哈利法塔还要高。

金丝燕用唾液、湿泥和绒状羽毛建造名贵的燕窝，这些"鸟造混凝土"的原理与钢筋混凝土一样，树枝或羽毛承担拉应力，湿泥和唾液干燥后形成的胶凝体承受压应力。南美洲有一种鸟叫灶鸟，用软泥建造鸟巢的过程就像3D打印一样。

窑洞类建筑的鼻祖是蚯蚓、蛇和鼠类等。蚯蚓、蛇都有打洞的本能；一些鼠、獾类动物或在土中掘洞口，或在老树上啃出树洞。北极熊则会利用冰块中的冰洞或修整出冰洞，在洞内栖身。

装配式建筑的鼻祖是红蚂蚁、园丁鸟和乌鸦。红蚂蚁用松针、小树枝、树皮、树叶、秸秆等建造很大的蚁巢，是带有屋顶的下凹式"建筑"。南美洲有一种园丁鸟，会用树枝盖带庭院的房子。乌鸦在树上用树枝搭建窝巢如图1-1所示。

图1-1　用树枝搭建的鸟巢

2. "前建筑时期"装配式建筑

从某种意义上说，装配式建筑并不是新概念新事物，就连鸟类都会搭建"装配式建筑"。对人类而言，早在采集-狩猎时期，即农业出现前，就有了装配式居所。

人类从开始直立到现在已经有几百万年的历史，而定居的历史，也就是有固定居所的历史，只有1万多年。1万年前农业出现后，人类才从游动的居无定所的生活方式变为定居方式。

农业革命发生前，人类是采集狩猎者。由于一个地域的野生植物和动物无法长期提供充足的食物，采集狩猎者不得不到处游动。吃"光"了一个地方，再迁徙到另一个地方。正常把农业出现以前采集-狩猎者居无定所的时期称作"前建筑时期"。

图1-2是美洲印第安采集狩猎者的帐篷，是用树枝和兽皮搭建的。西方人来到美洲大陆之前，印第安人处于石器时代，用石头砍伐树木是比较困难的事，采集狩猎者迁徙时会带着搭建帐篷的树干和兽皮。

图1-3是印第安采集狩猎者用树枝和草片搭建的房屋。热带雨林地区的采集狩猎者的居所比较简单，用树枝和芭蕉叶搭建。

图1-2　树枝兽皮帐篷　　　　图1-3　树枝草片屋

3. 古代装配式建筑

古代装配式建筑是指人类进入农业时代开始定居到 19 世纪现代建筑问世这段时间的装配式建筑。人类进入农业时代定居下来后，石头、木材、泥砖和茅草建造的真正的建筑开始出现了。

古代时期人类不仅建造居住的房子，也建造神庙、宫殿、坟墓等大型建筑。住宅有砖石（早期主要是泥砖）砌筑建筑和木结构建筑，许多木结构住宅是装配式。

庙宇、宫殿大都是装配式建筑，包括石材装配式建筑和木材装配式建筑。如古埃及、古希腊和美洲特奥蒂瓦坎古城的石头结构柱式建筑，中世纪用石头和彩色玻璃建造的哥特式教堂，中国和日本的木结构庙宇、宫殿等，都是在加工场地把石头构件凿好，或把木头柱、梁、斗栱等构件制作好，再运到现场，以可靠的方式连接安装。古埃及和美索美洲的金字塔其实也是装配式建筑。

图 1-4 至图 1-7 为古代装配式建筑的实例。

图 1-4 古埃及阿斯旺菲莱神庙

图 1-5 古希腊雅典帕特农神庙

图 1-6 科隆的哥特式大教堂

图 1-7 五台山唐代庙宇

1.1.5 现代装配式建筑

现代建筑是工业革命和科技革命的产物，运用现代建筑技术、材料与工艺建造而成。世界上第一座大型现代建筑——1851 年伦敦博览会主展览馆水晶宫，就是装配式建筑。

巴黎埃菲尔铁塔（图1-8）和纽约自由女神像（图1-9）也是装配式建筑，或者称为装配式建造物。

图1-8　巴黎埃菲尔铁塔

图1-9　纽约自由女神像

美国著名建筑师、芝加哥学派代表人物沙利文设计了圣路易斯温赖特大厦（图1-10），这是一座铁骨架结构加上石材、玻璃表皮的装配式建筑，这座装配式高层建筑是美国摩天大楼的里程碑。

1931年建造的纽约帝国大厦（图1-11）也是装配式建筑。这座高381 m的钢结构石材幕墙大厦保持世界最高建筑的地位长达40年。帝国大厦102层，采用了装配式工艺，全部工期仅用了410天，平均4天一层楼，这在当时是非常了不起的奇迹。

图1-10　温莱特大厦

图1-11　帝国大厦

现代建筑从1851年问世到20世纪50年代的长达100年的时间里，装配式建筑主要是钢结构建筑。20世纪50年代以后，装配式混凝土建筑渐渐成为装配式建筑舞台上的主角。

著名建筑师贝聿铭设计的费城社会岭公寓于1964年建成，由3座装配式混凝土高层建筑（图1-12）组成。由于采用了装配式，该建筑不仅质量好，非常精致，还大幅度降低了成本。这个项目是利用装配式低成本高效率优势解决城市人口居住问题的代表作之一。

图 1-12　费城社会岭公寓

20 世纪最伟大的建筑之一——悉尼歌剧院（图 1-13）也是装配式建筑，其曲面薄壳采用装配式叠合板；外围护墙体采用装饰一体化外挂墙板。

图 1-13　悉尼歌剧院

1.1.6　装配式建筑的现状

1. 美国装配式建筑

美国在 20 世纪 70 年代能源危机期间开始实施配件化施工和机械化生产。美国城市发展部出台了一系列严格的行业标准规范，一直沿用至今，并与后来的美国建筑体系逐步融合。美国城市住宅结构基本上以工厂化、混凝土装配式和钢结构装配式为主，降低了建设成本，提高了工厂通用性，增加了施工的可操作性。

总部位于美国的预制与预应力混凝土协会 PCI 编制的《PCI 设计手册》，其中就包括了装配式结构相关的部分：该手册不但在美国，而且国际上也是具有非常广泛的影响力。PCI 手册与 IBC 2006、ACI 318－05、ASCE 7－05 等标准协调。除了 PCI 手册外，PCI 还编制了一系列的技术文件，包括设计方法、施工技术和施工质量控制等方面。

2. 欧洲装配式建筑

法国是世界上推行装配式建筑最早的国家之一。法国装配式建筑的特点是以预制装配式混凝土结构为主，钢结构、木结构为辅。法国的装配式住宅多采用框架或者板柱体系，焊接、螺栓连接等均采用干法作业，结构构件与设备、装修工程分开，减少预埋，生产和施工质量高。法国主要采用的预应力混凝土装配式框架结构体系，装配率可达 80％。

德国的装配式住宅主要采取叠合板、混凝土、剪力墙结构体系，采用构件装配式与混凝土结构，耐久性较好。德国是世界上建筑能耗降低幅度最快的国家，近几年更是提出发展零能耗的被动式建筑。从大幅度的节能到被动式建筑，德国都采取了装配式住宅来实施，装配式住宅与节能标准相互之间充分融合。

英国政府积极引导装配式建筑发展。明确提出英国建筑生产领域需要通过新产品开发、集约化组织、工业化生产以实现"成本降低 10％，时间缩短 10％，缺陷率降低 20％，事故发生率降低 20％，劳动生产率提高 10％，最终实现产值利润率提高 10％"的具体目标。同时，政府出台一系列鼓励政策和措施，大力推行绿色节能建筑，以对建筑品质、性能的严格要求促进行业向新型建造模式转变。

瑞典和丹麦早在 20 世纪 50 年代就已有大量企业开发了混凝土、板墙装配的部件。目前，新建住宅之中通用部件占到了 80％，既满足多样性的需求，又达到了 50％以上的节能率，这种新建建筑比传统建筑的能耗有大幅度的下降。

3. 日本装配式建筑

日本于 1968 年提出装配式住宅的概念。在 1990 年的时候，日本采用部件化、工厂化生产方式，生产效率高，住宅内部结构可变，适应多样化的需求。而且日本有一个非常鲜明的特点，从一开始就追求中高层住宅的配件化生产体系。这种生产体系能满足日本的人口比较密集的住宅市场的需求。更重要的是，日本通过立法来保证混凝土构件的质量，在装配式住宅方面制定了一系列的方针政策和标准，同时也形成了统一的模数标准，解决了标准化、大批量生产和多样化需求这三者之间的矛盾。

日本是世界上装配式混凝土建筑运用得最为成熟的国家，高层及超高层钢筋混凝土结构建筑很多是装配式。多层建筑较少采用装配式，因为模具周转次数少，采用装配式造价太高。

日本装配式混凝土建筑多为框架结构、框-剪结构和筒体结构，预制率比较高。日本许多钢结构建筑也用混凝土叠合楼板、预制楼梯和外挂墙板。日本装配式混凝土建筑的质量非常高，但绝大多数构件都不是在流水线上生产的，因为梁、柱和外挂墙板不适宜流水线生产。

日本的标准包括建筑标准法、建筑标准法实施令、国土交通省告示及通令、协会（学会）标准、企业标准等，涵盖了设计、施工等内容，其中由日本建筑学会 AIJ 制定的装配式结构相关技术标准和指南。1963 年成立日本预制建筑协会在推进日本预制技术的发展方面做出了巨大贡献，该协会先后建立 PC 工法焊接技术资格认证制度、预制装配住宅装潢设计师资格认证制度、PC 构件质量认证制度、PC 结构审查制度等，编写了《预制建筑技术集成》丛书，包括剪力墙预制混凝土（W－PC）、剪力墙式框架预制钢筋混凝土（WR－PC）及现浇同等型框架预制钢筋混凝土（R－PC）等。

4. 新加坡装配式建筑

新加坡是世界上公认的住宅问题解决较好的国家，其住宅多采用建筑工业化技术加以建造。其中，住宅政策及装配式住宅发展理念是促使其工业化建造方式得到广泛推广的主要因素。

新加坡开发出 15 层到 30 层的单元化的装配式住宅，占全国总住宅数量的 80% 以上。通过平面的布局，部件尺寸和安装节点的重复性来实现标准化，以设计为核心设计和施工过程的工业化，相互之间配套融合，装配率达到 70%。

5. 中国装配式建筑的现状及发展趋势

（1）中国装配式建筑的现状

我国装配式混凝土建筑在 20 世纪 50 年代就开始了，到 20 世纪 80 年代达到高潮。许多工业厂房为预制钢筋混凝土柱单层厂房，柱子、吊车轨道梁和屋架都是预制的，还有许多无梁板结构的仓库和冷库也是装配式建筑，预制杯型基础、柱子、柱帽和叠合无梁楼板。20 世纪 90 年代后，工业厂房主要采用钢结构建筑。

近年来，在制造业转型升级大背景下，中央层面持续出台相关政策推进装配式建筑。在顶层框架的要求指引下，住建部和国务院政策协同推进加快：一方面，不断完善装配式建筑配套技术标准；另一方面，对落实装配式建筑发展提出了具体要求。

装配式建筑部分相关政策（国务院发）如下。

2016 年 2 月：《中共中央国务院关于进一步加强城市规划建设管理工作的若干意见》。加大政策支持力度，力争用 10 年左右时间，使装配式建筑占新建建筑的比例达到 30%。积极稳妥推广钢结构建筑。

2016 年 3 月：李克强总理在《政府工作报告》中进一步强调，积极推广绿色建筑和建材，大力发展钢结构和装配式建筑，加快标准化建设，提高建筑技术水平和工程质量。

2016 年 9 月：李克强总理在国务院常务会议中提出"决定大力发展装配式建筑，推动产业结构调整升级"。

2016 年 9 月：《关于大力发展装配式建筑的指导意见》。以京津冀、长三角、珠三角三大城市群为重点推进地区，常住人口超过 300 万的其他城市为积极推进地区，其余城市为鼓励推进地区，因地制宜发展装配式混凝土结构、钢结构和现代木结构等装配式建筑。力争用 10 年左右的时间，使装配式建筑占新建建筑面积的比例达到 30％。

2016 年 9 月：国务院举行关于装配式建筑政策例行吹风会，请住房和城乡建设部总工程师陈宜明、住房和城乡建设部建筑节能与科技司司长苏蕴山介绍发展装配式建筑有关情况，并答记者问。

2016 年 12 月：《"十三五"节能减排综合工作方案》。实施绿色建筑全产业链发展计划，推行绿色施工方式，推广节能绿色建材、装配式和钢结构建筑。

2017 年 2 月：国务院总理李克强 2 月 8 日主持召开国务院常务会议，深化建筑业"放管服"改革，推广智能和装配式建筑。

2017 年 2 月：《国务院办公厅关于促进建筑业持续健康发展的意见》。要坚持标准化设计、工厂化生产、装配化施工、一体化装修、信息化管理、智能化应用，推动建造方式创新，大力发展装配式混凝土和钢结构建筑，在具备条件的地方倡导发展现代木结构建筑，不断提高装配式建筑在新建建筑中的比例。力争用 10 年左右的时间，使装配式建筑占新建建筑面积的比例达到 30％。

装配式建筑相关政策（住房城乡建设部发）：

2016 年 11 月：住房城乡建设部在上海召开全国装配式建筑现场会，原住建部部长陈政高提出"大力发展装配式建筑，促进建筑业转型升级"，并明确了发展装配式建筑必须抓好的七项工作。

2016 年 12 月：住房城乡建设部办公厅关于开展 2016 年度建筑节能、绿色建筑与装配式建筑实施情况专项检查的通知，国务院〔2016〕71 号文件印发以来各地推进情况，包括政策措施出台情况、标准规范编制情况、项目推进情况等。

2016 年 12 月：住房城乡建设部印发《装配式建筑工程消耗量定额》，该定额于 2017 年 3 月 1 日实施。

2016 年 12 月：住房城乡建设部印发《装配式混凝土结构建筑工程施工图设计文件技术审查要点》。

2017 年 1 月：住房城乡建设部发布国家标准 GB/T 51231—2016《装配式混凝土建筑技术标准》、GB/T 51232—2016《装配式钢结构建筑技术标准》GB/T 512333—2016《装配式木结构建筑技术标准》，2017 年 6 月 1 日起实施。

2017 年 3 月：住房城乡建设部印发《建筑节能与绿色建筑发展"十三五"规划》。大力发展装配式建筑，加快建设装配式建筑生产基地，培育设计、生产、施工一体化龙头企业；完善装配式建筑相关政策、标准及技术体系。积极发展钢结构、现代木结构等建筑结构体系。

2017 年 3 月：住房城乡建设部建筑节能与科技司印发 2017 年工作要点，将从制定发展规划、完善技术标准体系、提升装配式建筑产业配套能力、加强装配式建筑队伍建设四个方面全面推进装配式建筑。

2017 年 3 月：住房城乡建设部一次性印发《"十三五"装配式建筑行动方案》《装

配式建筑示范城市管理办法》《装配式建筑产业基地管理办法》三大文件，全面推进装配式建筑发展。提出：到 2020 年，全国装配式建筑占新建建筑的比例达到 15％以上，其中重点推进地区达到 20％以上，积极推进地区达到 15％以上，鼓励推进地区达到 10％以上；培育 50 个以上装配式建筑示范城市，200 个以上装配式建筑产业基地，500 个以上装配式建筑示范工程，建设 30 个以上装配式建筑科技创新基地。

（2）中国装配式建筑的发展趋势

中国装配式建筑的发展趋势如下。

①从闭锁的体系向开放式体系发展，统一的模数装配式生产、模块化装配。

②从湿体系向干体系发展，在建筑密度比较低、地震设防比较低的地方干体系优势明显。

③装配式住宅的内部集材化开始发展。不仅是各个部件，包括整个建筑也分成几个模块，这种模块生产已取得非常好的成果。

④信息化管理。

⑤结构设计方面更趋多模式发展。

1.1.7　装配式建筑的优势

图 1-14 是日本东京大宫的一个高层建筑工地，由于通往工地的道路狭窄，无法运输大型预制构件，施工企业宁可在工地建一个露天的临时工厂预制构件，也不直接现浇混凝土。因为装配式建筑质量好、效率高、成本低，所以日本有的超高层住宅的售楼书还特别强调该建筑是装配式建筑，可见其质量是得到公众普遍认可的。

图 1-14　日本东京——高层混凝土结构建筑工地的临时露天构件工厂

1. 提高建筑质量

（1）混凝土结构的优势

装配式并不是单纯的工艺改变，而是建筑体系与运作方式的变革，对建筑质量提升有推动作用。

①装配式混凝土建筑要求设计必须精细化、协同化。如果设计不精细，构件制作好了才发现问题，就会造成很大的损失。装配式倒逼设计更深入、细化、协同，由此会提高设计质量和建筑品质。

②装配式可以提高建筑精度。现浇混凝土结构的施工误差往往以厘米计，而预制构件的误差以毫米计，误差大了就无法装配。预制构件在工厂模台上和精致的模具中生产，实现和控制品质比现场容易。预制构件的高精度会"逼迫"现场现浇混凝土精度的提高。在日本看到表皮是预制墙板反打瓷砖的建筑，100多米高的外墙面，瓷砖砖缝笔直整齐，误差不到2 mm。现场贴砖作业是很难达到如此精度的。

③装配式可以提高混凝土浇筑、振捣和养护环节的质量。现场浇筑混凝土，模具组装不易做到严丝合缝，容易漏浆；墙、柱等立式构件不易做到很好的振捣；现场也很难做到符合要求的养护。工厂制作构件时，模具组装可以严丝合缝，混凝土不会漏浆；墙、柱等立式构件大都"躺着"浇筑，振捣方便；板式构件在振捣台上振捣，效果更好；一般采用蒸汽养护方式，养护质量大大提高。

④装配式是实现建筑自动化和智能化的前提。自动化和智能化减少了对人、对责任心等不确定因素的依赖。由此可以最大化避免人为错误，提高产品质量。

⑤工厂作业环境比工地现场更适合全面细致地进行质量检查和控制。

（2）其他结构的优势

①钢结构、木结构装配式和集成化内装修的优势是显而易见的，工厂制作的部品部件由于剪成、加工和拼装设备的精度高，有些设备还实现了自动化数控化，产品质量大幅度提高。

②从生产组织体系上来看，装配式将建筑业传统的层层竖向转包变为扁平化分包。层层转包最终将建筑质量的责任系于流动性非常强的农民工身上；而扁平化分包，建筑质量的责任由专业化制造工厂分担。工厂有厂房、有设备，质量责任容易追溯。

2. 提高效率

对钢结构、木结构和全装配式（也就是用螺栓或焊接连接的）混凝土结构而言，装配式能够提高效率是毋庸置疑的。对于装配整体式混凝土建筑，高层、超高层建筑最多的日本给出的结论也是装配式会提高效率。

装配式使一些高处和高空作业转移到车间进行，即使不搞自动化，生产效率也会提高。工厂作业环境比现场优越，工厂化生产不受气象条件制约，刮风下雨不影响构件制作。

3. 节约材料

对钢结构、木结构和全装配式混凝土结构而言，装配式能够节约材料。实行内装修和集成化也会大幅度节约材料。

对于装配整体式混凝土结构而言，结构连接会增加套筒、灌浆料和加密箍筋等材料；规范规定的结构计算提高系数或构造加强也会增加配筋。可以减少的材料包括内墙抹灰、现场模具和脚手架消耗，以及商品混凝土运输车挂在罐壁上的浆料等。

4. 节能减排环保

装配式建筑可以节约材料，可以大幅度减少建筑垃圾，因为工厂制作环节可以将边角余料充分利用，自然有助于节能减排环保。

5. 节省劳动力并改善劳动条件

（1）节省劳动力。工厂化生产与现场作业比较，可以较多地利用设备和工具，包括自动化设备，可以节省劳动力。

（2）改变从业者的结构构成。装配式可以大量减少工地劳动力，使建筑业农民工向产业工人转化。由于设计精细化和拆分设计、产品设计、模具设计的需要，还由于精细化生产与施工管理的需要，白领人员比例会有所增加。由此，建筑业从业人员的构成将发生变化，知识化程度得以提高。

（3）改善工作环境。装配式把很多现场作业转移到工厂进行，高处或高空作业转移到平地进行；把室外作业转移到车间里进行，工作环境大大改善。

（4）降低劳动强度。装配式可以较多地使用设备和工具，大大降低工人劳动强度。

6. 缩短工期

装配式建筑特别是装配式整体式混凝土建筑，缩短工期的空间主要在主体结构施工之后的环节，尤其是内装环节，因为装配式建筑湿作业少，外围护系统与主体结构施工可以同步，内装施工可以尾随结构施工进行，相隔2～3层楼即可。当主体结构施工结束时，其他环节的施工也接近结束。

7. 有利于安全

装配式建筑工地作业人员减少，高处、高空和脚手架上的作业也大幅度减少，这样就减少了危险点，提高了安全性。

8. 冬期施工

装配式混凝土建筑的构件制作在冬期不会受到大的影响。工地冬期施工，可以对构件连接处做局部围护保温，也可以搭设折叠式临时暖棚。冬期施工成本比现浇建筑低很多。

1.1.8 装配式建筑的缺点

1. 装配整体式混凝土结构的缺点

（1）连接点的"娇贵"。现浇混凝土建筑一个构件内钢筋在同一截面连接接头的数量不能超过50%，而装配整体式混凝土结构，一层楼所有构件的所有钢筋都在同一截面连接。连接构造制作和施工比较复杂，精度要求高，对管理的要求高，连接作业要求监理和质量管理人员旁站监督。这些连接点出现结构安全隐患的概率大。

（2）对误差和遗漏的宽容度低。构件连接误差大了几毫米就无法安装；预制构件内的预埋件和预埋物一旦遗漏也很难补救：要么重新制作构件造成损失和工期延误，要么偷偷采取不合规的补救措施，容易留下质量与结构安全隐患。

（3）对后浇混凝土依赖。装配整体式对后浇混凝土依赖，导致构件制作出筋多，现场作业环节复杂。

（4）适用高度降低。装配整体式混凝土结构的适用建筑高度与现浇混凝土结构比较有所降低，是否降低和降低幅度与结构体系、连接方式有关，一般降低 $10\sim20$ m，最多降低 30 m。

2. 全装配式混凝土结构的缺点

整体性差，抗侧向力的能力差，不适宜高层建筑和抗震烈度高的地区。

3. 装配式钢结构建筑的缺点

装配式钢结构建筑的缺点也就是钢结构建筑的缺点。钢结构建筑的缺点主要包括以下几点。

（1）多层和高层住宅的适宜性还需要进一步探索；

（2）防火代价较高；

（3）确保耐久性的代价较高；

4. 装配式木结构建筑的缺点

装配式木结构建筑的缺点主要有以下几个。

（1）集成化程度低；

（2）适用范围窄；

（3）成本方面优势不大。

1.2 装配式建筑评价标准

2017 年底，中华人民共和国住建部发布了《装配式建筑评价标准》（以下简称《标准》）（GB/T 51129－2017），自 2018 年 2 月 1 日起实施。《标准》将装配式建筑作为最终产品，根据系统性的指标体系进行综合打分，把装配率作为考量标准，不以单一指标进行衡量。《标准》设置了基础性指标，可以较简捷地判断一栋建筑是否是装配式建筑。

1.2.1 《标准》介绍

1. 《标准》的特点

（1）采用一个指标综合反应建筑的装配化程度，以装配率对装配式建筑的装配化程度进行评价，使评价工作更加简洁明确和易于操作。

（2）两种评价，即认定评价与等级评价方式，对装配式建筑设置了相对合理可行的"准入门槛"，达到最低要求时，才能认定为装配式建筑，再根据分值进行等级评价。

（3）计算装配率主要有主体结构、围护墙和内隔墙、装修和设备管线等装配比例。

（4）以控制性指标明确了最低准入门槛，以竖向构件、水平构件、围护墙和内隔墙、全装修等指标，分析建筑单体的装配化程度，发挥《标准》的正向引导作用。

（5）本《标准》包含混凝土、钢、木、组合、混合结构的装配式建筑评价。

（6）在装配式建筑的两种评价方式间存在十分的差值，在项目成为装配式建筑与具有评价等级存有一定空间，为地方政府制定奖励政策提供弹性范围。

2.《标准》的适用范围

《标准》适用于评价民用建筑的装配化程度，民用建筑包括居住建筑和公共建筑，工业建筑符合本标准的规定时，可参照执行。

3.《标准》的评价指标

《标准》采用装配率评价建筑的装配化程度。明确了装配率是对单体建筑装配化程度的综合评价结果。

装配率具体定义为：单体建筑室外地坪以上的主体结构、围护墙和内隔墙、装修和设备管线等采用预制部品部件的综合比例。

4. 计算单元

《标准》要求将主楼与裙房分开评价，因为裙房建筑面积较大，而且裙房建筑使用功能或主体结构形式与主楼存在较大差异。

装配率计算和装配式建筑等级评价应以单体建筑作为计算和评价单元，并应符合下列规定。

（1）单体建筑应按项目规划批准文件的建筑编号确认。

（2）建筑由主楼和厢房组成时，主楼和裙房可按不同的单体建筑进行计算和评价。

（3）单体建筑的层楼不大于 3 层，且地上建筑面积不超过 $500\ m^2$ 时，可由多个单体建筑组成建筑组团作为计算和评价单元。

5. 装配率计算

装配式建筑的装配率应根据表 1-1 中评价项得分值，按下式计算

$$Q = \frac{Q_1 + Q_2 + Q_3}{100 - q} \times 100\%$$

式中　Q——装配式建筑的装配率；

　　　Q_1——承重结构构件指标实际得分值；

　　　Q_2——非承重构件指标实际得分值；

　　　Q_3——装修与设备管线指标实际得分值；

　　　q——评价项目中缺少的评价项分会总和。

表 1-1　装配式建筑评分计算表

评价项			评价要求	评价分值	最低分值
承重结构构件（Q_1）（50分）	柱、支撑、承重墙、延性墙板等竖向承重构件	主要为混凝土材料★	50%≤比例<80%	30~39 *	30
			比例≥90%	40	
		主要为金属材料、木材及非水泥基复合材料等★	全装配	40	40
	楼（层）盖构件	梁、板、楼梯、阳台、空调板等★	70%≤比例<80%	5~9 *	5
			比例≥80%	10	
非承重构件（Q_2）（20分）	外围护墙	非砌筑★	比例≥80%	5	5
		墙体与保温（隔热）、装饰一体化	50%≤比例<80%	2~4 *	—
			比例≥80%	5	
	内隔墙	非砌筑★	比例≥50%	5	5
		墙体与管线、装修一体化	50%≤比例<80%	2~4 *	—
			比例≥80%	5	
装修与设备管线（Q_3）（30分）	全装修★		—	5	5
	干式工法楼（地）面		比例≥70%	6	—
	集成卫生间		比例≥70%	6	—
	集成厨房		比例≥70%	6	—
	管线与结构分离		比例≥70%	7	—

混合结构可根据各省市具体情况纳入地方标准的评价。

（1）装配式框架－现浇混凝土核心筒（或剪力墙）结构可采用本《标准》进行评价。其中，V1a 的取值应包括所有预制框架柱体积和满足本标准第 4.0.3 条规定的可计入计算的后浇混凝土体积；V 的取值应包括框架柱及核心筒（或剪力墙）全部混凝土体积。

（2）装配式钢框架（钢柱＋钢梁）－现浇混凝土核心筒（或剪力墙）结构可采用本《标准》进行评价。其中，竖向构件的现浇混凝土部分不参与评价；钢框架部分按照本条的规定，主体结构竖向构件评价项的得分可为 30 分。

（3）装配式钢管柱框架（钢柱＋钢梁）－现浇混凝土核心筒（或剪力墙）结构可采用本《标准》进行评价。其中，竖向构件的现浇混凝土部分不参与评价；钢管柱部分框架部分按照本条的规定，主体结构竖向构件评价项的得分可为 30 分。

（4）装配式型钢混凝土框架－现浇混凝土核心筒（或剪力墙）结构可采用本《标准》进行评价。其中，V1a 的取值应包括预制型钢混凝土框架柱体积和满足本《标准》第 4.0.3 条规定的可计入计算的后浇混凝土体积；V 的取值应包括框架柱及核心筒或剪力墙全部混凝土体积。

6. 评价标准

（1）认定评价标准。装配式建筑应同时满足下列要求：

①主体结构部分的评价分值不低于 20 分；

②围护墙和内隔墙部分的评价分值不低于 10 分；

③采用全装修；

④装配率不低于 50%。

以上四项是装配式建筑的控制项，即准入门槛，缺一不可。满足了以上四项要求，应评价为装配式建筑。

本条明确了目前装配式建筑引导的重点是非砌筑的新型建筑墙体和全装修；装配式混凝土建筑主体结构构件的装配比例是本《标准》编制过程中争论的焦点，经过了一年多深入的调研和讨论最终采用了主体结构构件自主选择的方式，即可选择做好水平构件装配，也可选择水平＋竖向构件装配，体现了立足当前实际的编制原则，满足了各地区发展的不均衡性和实际发展的需求。

（2）等级评价。当评价项目满足认定评价标准，且主体结构竖向构件中预制部品部件的应用比例不低于 35% 时，可进行装配式建筑等级评价。

装配式建筑评价等级应划分为 A 级、AA 级、AAA 级，并应符合下列规定。

①装配率为 60%～75% 时，评价为 A 级装配式建筑；

②装配率为 76%～90% 时，评价为 AA 级装配式建筑；

③装配率为 91% 及以上时，评价为 AAA 级装配式建筑。

根据 60 个项目的评价结果给出如下评价等级分值划分：将 A 级装配式建筑的评价分值确定为 60 分；在装配式结构、功能性部品部件或装配化装修等某一个方面做到较完整时，评价分值可以达到 75 分以上，评价为 AA 级装配式建筑；将装配式结构、功能性部品部件和装配化装修等均做到体系化综合运用，并完成较好的项目，评价分值可以达到 90 分以上，评价为 AAA 级装配式建筑。

1.2.2 装配式建筑评价案例

1. 项目概况

本项目位于北京市某安置房项目，项目绿地率为 30%，容积率为 3.0，总建筑面积 31 685 m²，地上建筑面积 20 055 m²（包含住宅建筑面积 18 655 m²，配套公建面积 1 400 m），1#、2#、3#、4# 楼分别为地上 9 层、12 层、16 层、9 层，如图 1-15 所示。

图 1-15　北京市某安置房项目

本项目柱网均采用标准柱网 6.6 m×6.6 m，符合装配式钢结构建筑模数化、标准化的要求；根据标准化的模块，再进一步进行标准化的部品设计，形成标准化的预制 PC 外墙、预制蒸压砂加气条板内隔墙，减少了构件的数量，为规模化生产提供了基础，显著提高了构配件的生产效率。

本项目结构设计使用年限 50 年，建筑结构安全等级为二级，抗震设防烈度为 8 度（0.20 g）。结构体系采用钢框架-延性墙板，柱采用口 400、350 钢管混凝土柱；梁采用 H350＊150 焊接 H 形钢梁；2♯、3♯楼抗侧力构件采用钢板剪力墙。授屋面采用预制叠合楼板或钢筋桁架授承板，无底横、免支撑，大大提高了横屋面板的施工效率。

1♯、4♯楼采用钢框架-墙板式减震阻尼器结构（图 1-16），既提高了结构的安全性，又避免了对住宅户型的影响，建筑空间可以灵活分割；有效地解决了结构的抗侧力问题，提高了结构延性和抗震性能的同时也降低了结构用钢量。

图 1-16　钢框架——墙板式减震阻尼器结构

2. 装配率计算

（1）主体结构竖向构件采用混凝土预制部品部件的应用比例。根据《标准》条文说明4.0.1条，装配式钢结构建筑主体结构竖向构件评价项得分可为30分。

（2）梁、板、楼梯、阳台、空调板等构件中预制部品部件的应用比例。本项目中梁均为钢梁；横板采用两种做法：预制叠合楼板和钢筋桁架楼承板，根据《标准》条文说明4.0.5条，压型钢板、钢筋桁架楼承板等在施工现场免支模的楼（屋）盖体系，可认定为装配式楼板、屋面板；楼梯、阳台、空调板等构件均为工厂预制，因此本项目梁、板、楼梯、阳台、空调板等构件中预制部品部件的应用比例为100%，得分为20分。综上，该项目在主体结构指标项中评价得分为50分，满足装配式建筑评价基本要求。

（3）非承重围护墙中非砌筑墙体的应用比例。本项目建筑围护墙采用了两种做法：PC外挂墙板；加气混凝土条板＋外挂保温复合一体板。非承重围护墙非砌筑比例为100%，本项评价分值为5分。

（4）围护墙采用墙体、保温、隔热、装饰一体化的应用比例。本项目围护墙采用了两种做法：PC外挂墙板；加气混凝土条板＋外挂保温复合一体板，一体化应用比例为100%，则该部分评价分值为5分。

（5）内隔墙中非砌筑墙体的应用比例。本项目内隔墙采用砂加气条板内墙、轻钢龙骨石膏板内墙，非砌筑墙体应用比例为100%本项评价分值为5分。

（6）内隔墙采用墙体、管线、装修一体化的应用比例。本项目内隔墙做法均未实现墙体、管线、装修一体化，本项评价分值为0分。

综上，本项目在围护墙和内隔墙指标项中评价得分15分，满足装配式建筑评价基本要求。

（7）全装修。本项目全部采用全装修，本项评价分值为6分。

（8）干式工法楼面、地面的应用比例。本项目楼面均采用模块式快装采暖地面＋线槽，为干式工法，本项评价分值为6分。

（9）集成厨房应用比例。本项目所有厨房均按整体厨房装修，标准化橱柜结合电器集成设计、墙面、地面架空，采用装配式集成吊顶，干式工法作业，本项评价分值为6分。

（10）集成卫生间应用比例。本项目卫生间全部采用整体卫生间，洁具柜体等均在工厂预制，现场安装，地面、顶面全部架空，干式工法作业，故本项评价分值为6分。

（11）管线分离比例。本项目给排水、采暖管线与墙体和楼板结构分开，管线布置在地面架空层、吊顶和墙体表面管线空腔中，电管线水平段未实现分离，管线分离比例为53%，本项评价分值为4分。

综上，本项目在装修和设备管线指标项中评价得分28分，如表1-2所示。

表 1-2 北京市某安置房项目装配式建筑评分表

评价项		评价要求	评价分值	实际得分	最终分值
主体结构 （50分）	柱、支撑、承重墙、延性墙板等竖向构件	35%≤比例≤80%	20～30 *	30	50
	梁、板、楼梯、阳台、空调板等构件	70%≤比例≤80%	10～20 *	20	
围护墙和 内隔墙 （20分）	非承重围护墙非砌筑	比例≥70%	5	5	15
	围护墙与保温、隔热、装饰一体化	50%≤比例≤80%	2～5 *	5	
	内隔墙非砌筑	比例≥50%	5	5	
	内隔墙与管线、装修一体化	50%≤比例≤80%	2～5 *	0	
装修和设 备管线 （30分）	全装修	—	6	6	28
	干式工法的楼面、地面	比例≥70%	6	6	
	集成厨房	70%≤比例≤90%	3～6 *	6	
	集成卫生间	70%≤比例≤90%	3～6 *	6	
	管线分离	50%≤比例≤70%	4～6 *	4	

根据《标准》第 4.0.1 条，本项目装配率为

$$P = \frac{Q_1 + Q_2 + Q_3}{100 - Q_4} \times 100\%$$
$$= (50 + 15 + 28)/(100 - 0) \times 100\%$$
$$= 93\%$$

3. 项目评价（《标准》第 3.0.3 条）

$Q_1 = Q_{1a} + Q_{1b} = 50$ 分＞20 分，满足要求。

$Q_1 = Q_{2a} + Q_{2b} + Q_{2c} + Q_{2d} = 15$ 分＞10 分，满足要求。

采用了全装修，满足要求。

$P = 93\%＞50\%$，满足要求。

项目评定为装配式建筑。

4. 等级评价（《标准》第 5 章）

$Q_{1a} = 100\%＞35\%$，满足《评价标准》第 5.0.1 条要求，可进行等级评价。

$P = 93\%$，满足《评价标准》第 5.0.2 条 AAA 级的要求。

项目评定为 AAA 级装配式建筑。

5. 项目技术点评

（1）结构系统设计特点

本工程采用装配化全钢结构，所有钢柱、钢梁及钢筋架楼承板均为工厂化生产，结构形式采用钢框架-钢板剪力墙及阻尼器形式。

（2）外围护系统设计特点

本项目围护墙采用外挂保温装饰一体板（PC外墙挂板＋保温＋内涂装板），施工图设计和构件深化设计时，充分尊重初步设计立面效果，结合当前成熟的PC板防水的节点做法，在PC外墙的周边加60 mm的外皮墙体，实现了格构式立面和防水企口的有效结合，为"三道防水"（材料防水、构造防水、结构自防水）创造了条件。

（3）装修系统设计特点

本项目采用装配式装修一体化设计，地面采用架空体系实现管线分离体系施工，为电气、给排水、暖通、燃气各点位提供精准定位，保证装修质量，避免二次装修对材料的浪费，最大限度地节约材料。

（4）设备管线设计特点

采用BIM软件将建筑、结构、水暖电、装饰等专业通过信息化技术的应用，将水暖电定位与主体装配式结构、装饰装修实现集成一体化的设计，并预先解决各专业在设计、生产、装配施工过程中的协同问题。

 思考题

1. 什么是装配式建筑？
2. 国家标准关于装配式建筑的定义有什么意义？
3. 装配式建筑有哪些优点？
4. 装配式建筑有哪些缺点？
5. 《标准》的特点是什么？
6. 装配式建筑认定评价标准是什么？
7. 在《标准》（GB/T 51129—2017）中，如何定义装配率？

情景2 装配式木结构建筑

 情景导读

　　建筑可以是心理的健身房，惠斯勒公共图书馆（Whistler Public Library）坐落在卑诗省温哥华的崎岖不平的海岸山脉北部。该图书馆于 2008 年竣工，占地 1 350 m²，提供了极具艺术品位的公共设施设计，呈现了一种新型公民文化，因为这是该市唯一的一所公共图书馆。该项目力求将书中描绘的想象感、沉思与社区和自然环境的庞大概念融为一体，同时提供一种新的山地建筑设计方式。考虑到和谐的自然环境对于整个惠斯勒度假村文化生活的重要性，市政府强烈要求采用创新节能绿色建筑，而木材正是符合节能建筑需求的主要建材。在方案设计中，实木天花板似乎并非建材使用率最高的设计方案，然而从环保的角度来看，与使用胶合木、檩条等传统的方式相比，实木天花板具有许多优点。屋顶使用的铁杉木板全部来自当地可持续管理林地，并在当地工厂预制，所以建造屋顶的能耗就小于其他方式；通过最小化屋顶结构深度，减少了整个建筑的体积，连带地减少了建筑外围护结构的面积，也就是减少了建筑物整个生命周期的能耗。从建筑角度来看，铁杉实木板塑造了一个优雅又牢固的天花板，能够减少回声的产生。装饰线通过天花板一直延续到室外挑檐，加强了建筑内部与外部的整体连接和通透感。其微斜的屋顶可以承受每平方米 815 kg 的积雪荷载，在滑雪胜地惠斯勒格外适用。该图书馆项目获得了卑诗省木材设计大奖、卑诗省建筑大奖以及红柏设计奖，正在申请绿色建筑评估分级体系 LEED 的金牌级别。"建造一个高质量的公共设施能够激励整个地区的人们，新建的惠斯勒公共图书馆使用率超过了原来的 300%，图书馆员工简直要无法满足人们对各种活动和服务的需求。这里就像免费的心理健身房。"

 学习目标

　　（1）掌握装配式木结构建筑的类型；
　　（2）了解装配式木结构建筑的发展历程。

2.1　装配式木结构建筑基本知识

　　从古至今，凡木结构建筑都是制作好结构构料（如柱、梁、檩子等），再装配起来。

　　凡木结构建筑都属于装配式建筑。本情景所述装配式木结构建筑是由木结构承重构件组成的，结构系统、外围护系统、设备管线系统和内装系统的主要部分也采用预制部品部件集成的建筑，从而强调以下两方面。

　　（1）采用工厂预制的木结构组件和部品装配而成；

　　（2）4 个系统的主要部分采用预制部品部件集成。

2.1.1　装配式木结构组件

　　预制木结构组件由工厂制作、现场安装，并具有单一或复合功能。组合成装配式木结构的基本单元简称木组件。木组件包括柱、梁预制墙体、预制楼盖、预制屋盖、木桁架、空间组件等（图 2-1 至图 2-4）。

图 2-1　木组件——预制木梁

图 2-2　木组件——预制墙体

图 2-3　木组件——楼板

图 2-4　木组件——预制桁架

部品是对由工厂生产，构成外围护系统、设备与管线系统、内装系统的建筑单一产品或复合产品组装而成的功能单元的统称，如模块式单元（图 2-5 和图 2-6）集成式卫生间等。

图 2-5　木结构建筑模块化部品

图 2-6　黎巴嫩木结构模块化儿童游乐场

2.1.2　装配式木结构建筑的优点

第一，强力保温，有效节能。无论是从使用能耗还是从生产建材的物化能耗来说，木结构建筑都是最节能的建筑系统。在气温较低的地区，木结构房屋的用电能耗比轻钢结构房屋低 9.43％，比混凝土房屋低 10.92％。在气候温和的地区，轻型木结构房屋的用电能耗比轻钢结构房屋低 8.79％，比混凝土房屋低 7.33％。软木的热绝缘能力是混凝土和砖石结构的 10 倍，是固体钢的 400 倍。木结构建筑能够降低能耗，所使用的木材也来自可再生、可持续的森林资源。另外，用于建造房屋的木材的生产过程消耗较少的能源，由此过程产生的空气、水质及固体废物污染更是大大低于钢材或混凝土。木结构建筑对环境的潜在影响是最小的。建造现代木结构木材的生产过程所消耗的能源及水分别比钢结构少 27.75％和 39.20％，比混凝土结构少 45.24％和 46.17％。

第二，设计灵活，节省空间。木材极大的灵活性使其成为定制结构或装饰性设计的最佳选择。木结构房屋的墙体比标准混凝土墙体薄 20％，因而其室内空间更大；同时还能够将基础设置（电线、管道及通风管）埋入地板、天花板和墙体内，让建筑师和设计师不再需要考虑这些组件的合理设计。木结构房屋能够轻易地进行重新设计以满足需求的变化，无论是新增一个房间还是移走一扇窗户或门。

第三，防火安全。木材虽是可燃材料，但燃烧时表面会形成一层焦炭层，帮助保护其内部木材，并且维持其强度和结构完整性。一根重型木料相对于一根尺寸相当的钢梁而言，能够在火中维持更长的时间，而钢梁在木材完全燃烧之前已经融化了。木结构建筑是一个由多种材料、设计元素构成的完整的建筑系统，能够创造出一个经久、健康且安全的环境。内墙、天花板处采用石膏板等阻燃材料，厨房等易燃区域则采用双层石膏板。诸如此类的方法确保了现代木结构建筑系统能够满足并符合包括结构和防火在内的中国国家建筑规范。

第四，隔音、私密。现代木结构建筑将各种不同的材料、设计方法相结合，使之在隔音及保护私密空间方面非常有效。尤其在商业建筑或多户住宅中，隔音材料的使用显得更为重要。在交通繁忙的区域，可在墙体和地板的自然空腔中充填隔音材料。

2.1.3　装配式木结构建筑的局限

装配式木结构建筑的局限性主要体现在以下方面。

（1）成本方面没有优势；

（2）防火设计要求高；

（3）适用范围窄，高度受限，限于低层建筑；

（4）需要有木结构组件和部品制作工厂；

（5）对服务半径有一定要求；

（6）受到运输条件的限制；

（7）需要设计、生产、建造企业紧密合作，协同工作量大。

2.1.4　木结构建筑简介

木结构是人类最早采用的建筑方式。

1. 西方古代木结构建筑

西方古代大型建筑（如宫殿、教堂等），以源于古希腊、古罗马的石头柱式为主。石头柱式的源头是木柱。西方教堂无论是罗马式还是哥特式，基本形式都是"巴西利卡"，即中间高、两旁低的多跨结构。最初的"巴西利卡"是木结构建筑，在古罗马时期用于公共建筑，基督教兴起后成为教堂的主要形式，如图2-7所示。

图2-7　世界上最大的巴西利卡建筑教堂圣彼得大教堂

古代欧洲民居主要是木结构建筑。农村的房子一般是木结构长屋；一些乡间教堂也是木结构建筑，如图 2-8 所示；欧洲中世纪城镇的大多数建筑是木结构建筑，如图 2-9 所示。

图 2-8　挪威奥尔内斯木结构教堂　　　图 2-9　中世纪木结构民居

2. 东方古代木结构建筑

在东方，木结构是古代建筑的主角，技术与艺术最为成熟，以中国古代建筑为代表。中国古代的宫殿、寺庙、园林等建筑均以木结构为主，民居建筑也有许多木结构建筑。如图 2-10 所示，五台山南禅寺大殿重建于公元 782 年，距今已有 1 200 多年的历史，是国内现存最早的唐代木结构建筑；应县木塔建于 1056 年，高 67.31 m，共 9 层，是现存世界上最早的高层木结构塔式建筑。日本最大的古代木结构建筑是奈良东大寺（图 2-11），建于公元 728 年，采用中国唐朝的建筑风格。北京故宫建筑群则代表了东方古代木建筑的最高成就，如图 2-12 所示。

图 2-10　五台山南禅寺大殿和应县木塔

图 2-11　奈良东大寺

图 2-12　北京故宫太和殿

　　中国古代许多民居是木结构建筑,至今一些地方还有几百年甚至上千年历史的木结构老房子,如图 2-13 和图 2-14 所示。中国古代木结构建筑以原木、方木为主要结构材料,以柱、斗栱、枋、梁、檩、椽等构件组成木结构骨架。其中,斗栱是非常有特色的集成式构件,既是结构柱子的"柱头",减少了梁的跨度和悬挑长度,又是建筑艺术的重要元素,如图 2-15 所示。卯榫则是非常有特色的木结构装配式连接节点,如图 2-16 所示。

图 2-13　广西侗族吊脚楼

图 2-14　浙江乌镇木结构建筑

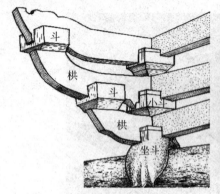

图 2-15 斗栱构造

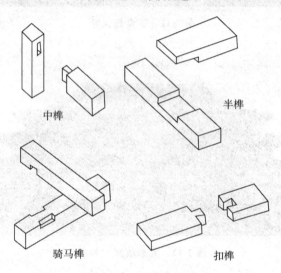

图 2-16 卯榫示意图

3. 现代木结构装配式建筑

（1）国外情况

19 世纪后，木结构建筑的主导地位被钢结构和钢筋混凝土结构取代，多层建筑和高层建筑以钢结构和钢混凝土结构为主。但是木结构建筑并没有出局，特别是在发达国家，木结构建筑向着工业化、集成化发展，并随着非线性技术与数控机床的应用，开始进入自动化、智能化领域。

在木材资源丰富的地区（如北美、澳洲等地），低层木结构住宅比例非常大，制品、组件、部品的工业化程度也非常高。欧洲和日本也有较多别墅采用木结构，北美许多多层建筑（商场、写字楼、旅店等）采用木结构。装配式木结构建筑还用于曲面建筑、大跨度建筑和高层建筑。图 2-17 至图 2-20 为国外装配式木结构建筑实例。

图 2-17　木结构独立别墅

图 2-18　木结构独立别墅建造

图 2-19　木结构商业场所

图 2-20　木结构办公楼

（2）中国情况

　　木结构建筑曾经是我国建筑的主角，但是近半个世纪，由于木材资源稀缺和建造成本高等，木结构建筑几近消失。直到近年来，采用标准化木材或木质产品为主要结构构件的现代木结构建筑开始在我国得到应用。尽管与我国总体建筑规模相比，木结构建设量微乎其微，但近年来建成的木结构建筑丰富了建筑谱系，展现了木结构建筑的优势和发展前景。图 2-21 至图 2-23 为国内近年来装配式木结构建筑的实例，包括学校、别墅、公共建筑、旅游建筑和文化建筑等。

图 2-21　四川省都江堰市向峨小学

图 2-22 海南红树湾三十三棵别墅　　　　　　　　图 2-23 杭州美丽洲教堂

2.1.5 装配式木结构建筑类型

现代木结构建筑按结构材料分类有以下 4 种类型：轻型木结构、胶合木结构、方木原木结构和木结构组合建筑。

1. 轻型木结构

轻型木结构是指主要采用小尺寸木构件（通常称为规格材）及木基结构板材制作的木框架墙、木楼盖和木屋盖系统构成的单层或多层建筑。轻型木结构由小尺寸木构件按不大于 600 mm 的中心间距密置而成，所用基本材料包括规格材、木基结构板材、工字形搁栅、结构复合材和金属连接件，如图 2-24 所示。轻型结构的承载力、刚度和整体性是通过主要结构构件（骨架构件）和次要结构构件（墙面板、楼面板和屋面板）共同作用获得的。

图 2-24 轻型木结构建筑

轻型木结构也被称作"平台式骨架结构"，这是因为这种结构形式在施工时以每层楼面为平台组装上一层结构构件。

轻型木结构构件之间的连接主要采用钉连接，部分构件之间也采用金属齿板连接和专用金属连接件连接。轻型木结构具有施工简便、材料成本低、抗震性能好等优点。

轻型木结构建筑可以根据施工现场的运输条件，将部分构件在工厂制作成基本单元，然后在现场进行装配。

2. 胶合木结构

胶合木结构指承重构件主要采用层板胶合木制作的单层或多层建筑，也被称作层板胶合木结构。胶合木结构包括正交胶合木（CLT）、旋切板胶合木（LVL）、层叠木片胶合木（LSL）和平行木片胶合木（PSL）。

胶合木结构主要包括梁柱式（图2-25）、空间桁架式（图2-26）、拱式（图2-27）、门架式（图2-28）和空间网格式（图2-29）等结构形式，还包括直线梁、变截面梁和曲线梁等构件类型。胶合木结构的各种连接节点均采用钢板、螺栓或销钉连接，应进行节点计算。胶合木结构是目前应用较广的木结构形式，具有以下几个特点。

（1）具有天然木材的外观魅力。

（2）不受天然木材尺寸限制，能够制作成满足任意造型建筑和结构要求的各种形状和尺寸的构件。

（3）避免和减少天然木材无法控制的缺陷影响，提高了强度，并能合理级配、量材使用。

（4）具有较高的强重比（强度/重量），能以较小截面满足强度要求；可大幅度减小结构体自重，提高抗震性能；有较高的韧性和弹性，在短期荷载作用下能够迅速恢复原状。

（5）热导率低并具有良好的保温性，热胀冷缩变形小。

图2-25　胶合木结构——梁柱式

图2-26　胶合木结构——空间桁架式

图 2-27 胶合木结构——拱式

图 2-28 胶合木结构——门架式

图 2-29 胶合木结构——空间网格式

（6）构件尺寸小并且形状稳定，无干裂、扭曲之虑，能减少裂缝和变形对使用功能的影响。

（7）具有良好的调温与调湿性，在相对稳定的环境中耐腐性能高。

（8）经防火设计和处理的胶合木构件具有可靠的耐火性能。

（9）采用工业化生产方式，可提高生产效率、加工精度和产品质量。

（10）构件自重轻，有利于运输、装卸和安装。

（11）制作加工容易、耗能低，节约能源；能以小材制作出大构件，充分利用木材资源；并可循环利用，是绿色环保材料。

3. 方木原木结构

方木原木结构是指承重构件主要采用方木或原木制作的单层或多层建筑结构，方木原木结构在 GB 50005—2017《木结构设计标准》中被称为普通木结构。考虑以木结构承重构件的主要材料来划分木结构建筑，因此在装配式木结构建筑的国家标准中，将普通木结构改称为方木原木结构。

方木原木结构的结构形式主要包括穿斗式结构（图 2-30）、抬梁式结构（图 2-31）、井干式结构（图 2-32）、梁柱式结构（图 2-33）、木框架剪力墙结构，以及作为楼盖或屋盖在其他材料结构（混凝土结构、砌体结构、钢结构）中组合使用的混合结构。这些结构都在梁柱连接节点、梁与梁连接节点处采用钢板、螺栓或销钉以及专用连接件等钢连接件进行连接。方木原木结构的构件及其钻孔等构造通常在工厂加工制作。

图 2-30　穿斗式结构

图 2-31　抬梁式结构

图 2-32　井干式结构

图 2-33　梁柱式结构

4. 木结构组合建筑

木结构组合建筑是指木结构与其他材料结构组成的建筑，主要与钢结构、钢筋混凝土结构或砌体结构进行组合。组合方式有上下组合与水平组合，也包括现有建筑平改坡的屋面系统和钢筋混凝土结构中采用木骨架组合的墙体系统。进行上下组合时，下部结构通常采用钢筋混凝土结构。

2.2　装配式木结构材料

本节介绍装配式木结构建筑的主要材料，包括木材、金属连接件和结构用胶。装配式木结构建筑所用的保温材料、防火材料、隔声材料、防水密封材料和装饰材料与其他结构建筑一样。

2.2.1 木材

装配式木结构建筑的结构木材包括方木原木、规格材、胶合木层板、结构复合材和木基结构板材。选用时按国家执行的木材选用标准、防火要求、木材阻燃剂要求和防腐要求等执行。

1. 方木和原木

方木和原木应从规范所列树种中选用。主要承重构件应采用针叶材；重要的木制连接构件应采用细密、直纹、无伤节和无其他缺陷的耐腐的硬质阔叶材。

方木原木结构构件设计时，应根据构件的主要用途选用相应的材质等级。使用进口木材时，应选择天然缺陷和干燥缺陷少且耐腐性较好的树种；首次采用的树种，需要严格遵守"先试验后使用"的原则。

2. 规格材

规格材是指宽度、高度按规定尺寸加工的木材。

3. 木基结构板、结构复合材和工字形木搁栅

（1）木基结构板包括结构胶合板和定向刨花板，多用于屋面板、楼面板和墙面板。

（2）结构复合材是以承受力的作用为主要用途的复合材料，多用于梁或柱。

（3）工字形木搁栅用结构复合木材作翼缘，用定向刨花板或结构胶合板作腹板，并用耐用水胶粘结，多用于楼盖和屋盖。

4. 胶合木层板

胶合木层板的原料是针叶松，主要包括以下内容。

（1）正交胶合木（CLT）：至少三层软木规格材胶合或螺栓连接而成，相邻层的顺纹方向互相正交垂直。

（2）旋切板胶合木（LVL）：由云杉或松树旋切成单板，常用作板或梁。

（3）层叠木片胶合木（LSL）：是由防水胶粘合厚 0.8 mm、宽 25 mm、长 300 mm 的木片单板而形成的木基复合构件。层叠木片胶合木中存在两种单板：一种是所有木片排列都与长轴方向一致的单板；另一种是部分木片排列与短轴方向一致的单板。前者适于作梁、椽、檩和柱等；后者适用于墙、地板和屋顶。

（4）平行木片胶合木（PSL）：由厚约 3 mm、宽约 15 mm 的单板条制成，板条由酚醛树脂粘合。单板条可以达到 2.6 m 长。平行木片胶合木常用作大跨度结构。

（5）胶合木（Glulam）：采用花旗松等针叶材的规格材，叠合在一起而形成大尺寸工程木材。

5. 木材含水率要求

木材含水率要求如下。

（1）现场制作方木或原木构件的木材含水率不应大于 25%。

（2）板材、规格材和工厂加工的方木含水率不应大于 20%。

（3）方木原木受拉构件的连接板含水率不应大于 18%。

（4）作为连接件时含水率不应大于 15%。

（5）胶合木层板和正交胶合木层板的含水率应为 8%～15%，且同构件各层板间的含水率差别不应大于 5%。

（6）井干式木结构构件采用原木制作时含水率不应大于 25%；采用方木制作时含水率不应大于 20%；采用胶合木材制作时含水率不应大于 18%。

2.2.2　钢材与金属连接件

1. 钢材

装配式木结构建筑承重构件、组件和部品连接使用的钢材采用 Q235 钢、Q345 钢、Q390 钢和 Q420 钢，应分别符合现行国家标准《碳素结构钢》（GB/T 700—2006）和《低合金高强度结构钢》（GB/T 1591—2008）的有关规定。

2. 螺栓

装配式木结构建筑承重构件、组件和部品连接使用的螺栓应遵循以下规定。

（1）普通螺栓应符合现行国家标准《六角头螺栓——A 和 B 级》（GB/T 5782—2000）和《六角头螺栓 C 级》（GB/T 5780—2016）的规定。

（2）高强度螺栓应符合现行国家标准《钢结构用高强度大六角头螺栓》（GB/T 1228—2006）、《钢结构用高强度大六角螺母》（GB/T 1229—2006）、《钢结构用高强度垫圈》（GB/T 1230—2006）、《钢结构用高强度大六角头螺栓、大六角螺母、垫圈技术条件》（GB/T 1231—2006）、《钢结构用扭剪型高强度螺栓连接副》（GB/T 3632—2016）或《钢结构用扭剪型高强度螺栓连接副技术条件》（GB/T 3633—1995）的有关规定。

（3）锚栓可采用现行国家标准《碳素结构钢》（GB/T 700—2006）中规定的 Q235 钢或《低合金高强度结构钢》（GB/T 1591—2008）中规定的 Q345 钢制成。

3. 钉

钉的材料性能应符合现行国家标准《紧固件机械性能》（GB/T 3098）和其他相关现行国家标准的规定和要求。

4. 防腐

金属连接件及螺钉等物件应进行防腐处理或采用不锈钢产品。与防腐木材直接接触的金属连接件及螺钉等物件应避免防腐剂引起的腐蚀。

5. 防火

对外露的金属连接件可采取涂刷防火涂料等防火措施。防火涂料的涂刷工艺应满足设计要求或相关规范。

2.2.3 结构用胶

承重结构用胶必须满足结合部位的强度和耐久性要求，应保证其胶合强度不低于木材顺纹抗剪和横纹抗拉的强度。结构用胶的耐水性和耐久性，应与结构的用途和使用年限相适应，并应符合环境保护的要求。

承重结构可采用酶类胶和氨基塑料缩聚胶粘剂或单组分聚氨酯胶粘剂，应符合现行国家标准《胶合木结构技术规范》（GB/T 50708—2012）的规定。

2.3　木结构设计

2.3.1　木结构建筑设计

1. 适用建筑范围

装配式木结构建筑适用于传统民居、特色文化建筑（如特色小镇等）、低层住宅建筑、综合建筑、旅游休闲建筑、文体建筑、宗教建筑等。

目前，我国装配式木结构建筑主要用于三层及三层以下建筑。国外装配式木结构建筑也主要为低层建筑，但也有多层建筑与高层建筑。目前世界上最高的装配式木结构建筑共 18 层，高 57 m。

2. 适用建筑风格

装配式木结构建筑可以方便自如地实现各种建筑风格：自然风格、古典风格（图2-34）、现代风格（图 2-35）、既现代又自然的风格（图 2-36 和图 2-37）和具有雕塑感的风格（图 2-38）。

图 2-34　美国亚特兰大古典风格装配式木结构别墅

图 2-35　德国 HUF 公司现代木装配

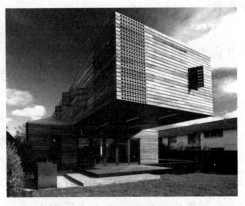

图 2-36　自然又时尚的木建筑

图 2-37　装配式木结构建筑

图 2-38　2000 年汉诺威世博会的木结构展架

3. 建筑设计基本要求

装配式木结构建筑设计基本要求如下。

（1）满足使用功能、空间、防水、防火、防潮、隔声、热工、采光、节能、通风等要求。

（2）模数协调并采用模块化、标准化设计，同时进行 4 个系统（结构系统、外围护系统、设备与管线系统和内装系统）集成。

（3）满足工厂化生产、装配化施工、一体化装修和信息化管理的要求。

4. 平面设计

平面布置和尺寸需要满足以下几点。

（1）结构受力的要求；

（2）预制构件的要求；

（3）各系统集成化的要求。

5. 立面设计

（1）应符合建筑类型和使用功能要求；建筑高度、层高和室内净高需要符合标准化模数。

（2）应遵循"少规格、多组合"原则，并根据木结构建造方式的特点实现立面的个性化和多样化。

（3）尽量采用坡屋面，屋面坡度宜为 1：3～1：4。屋檐四周出挑宽度不宜小于 600 mm。

（4）外墙面凸出物（如窗台、阳台等）应做好防水。

（5）立面设计宜规则、均匀，不宜有较大的外挑和内收。

（6）烟囱、风道等高出屋面的构筑物应做好与屋面的连接，保证安全。

（7）木构件底部与室外地坪高差应大于或等于 30 mm；在易遭虫害地区，木构件底部与室外地坪高差应大于或等于 450 mm。

6. 外围护结构设计

（1）装配式木结构建筑外围护结构包括预制木墙板、原木墙、轻型木质组合墙体、正交胶合木墙体、木结构与玻璃结合等类型，应根据建筑使用功能和艺术风格选用。

（2）外墙围护结构应满足轻质、高强、防火和耐久性的要求，应具有一定强度和刚度，满足在地震和风荷载作用下的受力及变形要求，并应根据装配式木结构建筑的特点选用标准化、工业化的墙体材料。

（3）外围护系统应采用支撑构件、保温材料、饰面材料、防水隔气层等集成构件，使其符合结构、防火、保温、防水、防潮以及装饰等各项功能要求。

（4）采用原木墙体作为外围护墙体时，构件间应加设防水材料。原木墙体最下层构件与砌体或混凝土接触位置应设置防水构造。

（5）组合墙体单元的接缝和门窗洞口等防水薄弱部位宜采用材料防水与构造防水相结合的做法。

①墙板水平接缝宜采用高低缝或企口缝构造。

②墙板竖缝可采用平口或槽口构造。

③当板缝空腔设置导水管排水时，板缝内侧应增设气密条密封构造。

（6）当外围护结构采用预制墙板时，应满足以下要求。

①外挂墙板应采用合理的连接节点并与主体结构可靠连接。

②支承外挂墙板的结构构件应具有足够的承载力和刚度。

③外挂墙板与主体结构宜采用柔性连接，连接节点应具有足够的承载力和适应主体结构变形的能力，并应采取可靠的防腐、防锈和防火措施，

④外挂墙板之间的接缝应符合防水、隔声的要求，并应符合变形协调的要求。

（7）外围护系统应有连续的气密层，并应加强气密层接缝处连接点和接触面局部密封的构造措施。外门窗气密性应符合国家标准的要求。

（8）烟囱、风道、排气管等高出屋面的构筑物与屋面结构应有可靠连接，并应采取防水排水、防火隔热和抗风的构造措施。

（9）外围护结构的构造层应和屋面通风层。包括防漏层、防水层或隔气层、底层

架空层、外墙空气层。

（10）围护结构组件的地面材料应满足耐久性要求，并易于清洁、维护。

7. 集成化设计

（1）进行 4 个系统的集成化设计，提高集成度、制作与施工精度和安装效率。

（2）装配式木结构建筑部件及部品设计应遵循标准化、系列化原则，并且在满足建筑功能的前提下，提高结构建筑部件通用性。

（3）装配式木结构建筑部品与主体结构和建筑部品之间的连接应稳固牢靠、构造简单并且安装方便；连接处应做好防水、防火构造措施，并保证保温隔热材料的连续性、气密性等设计要求。

（4）墙体部品水平拆分位置设在楼层标高处；竖向拆分位置宜按建筑单元的开间和进深尺寸进行划分。

（5）楼板部品的拆分位置宜按建筑单元的开间和进深尺寸进行划分。楼板部品应满足结构安全、防火以及隔声等要求；卫生间和厨房下楼板部品还应满足防水、防潮的要求。

（6）隔墙部品宜按建筑单元的开间和进深尺寸划分；墙体应与主体结构稳固连接，并且满足不同使用功能房间的隔声和防火要求。用作厨房及卫生间等潮湿房间的隔墙应满足防水和防潮要求；设备电器或管道等物品与隔墙的连接应牢固可靠。隔墙部品之间的接缝应采用构造防水和材料防水相结合的措施。

（7）预制木结构组件预留的设备与管线预埋件、孔洞、套管、沟槽应避开结构受力薄弱位置，并采取防水、防火及隔声措施。

8. 装修设计

（1）室内装修应与建筑结构和机电设备一体化设计，采用管线与结构分离的系统集成技术，并建立建筑与室内装修系统的模数网格系统。

（2）室内装修的主要标准构配件宜采用工业化产品，部分非标准构配件可在现场安装时统一处理，并减少施工现场的湿作业。

（3）室内装修内隔墙材料选型应符合下列规定。

①宜选用易于安装、拆卸且隔音性能良好的轻质内隔墙材料，达到灵活分隔室内空间的效果。

②内隔墙板的面层材料宜与隔墙板形成整体。

③用于潮湿房间的内隔墙板和层材料应防水且易清洗。

④采用满足防火要求的装饰材料，避免采用燃烧时产生大量灰烟或有毒气体的装饰材料。

（4）轻型木结构和胶合木结构房屋建筑的室内墙面覆面材料宜采用纸面石膏板，若采用其他材料，其燃烧性能技术指标应符合现行国家标准《建筑材料难燃性实验方法》（GB/T 8625—2005）的规定。

（5）厨房间墙面面层应为不燃材料；非油烟机管道需要做隔热处理，或采用石膏板制作管道通道，避免排烟管道与木材接触。

（6）装修设计应符合下列规定。

①装修设计需要满足工厂预制和现场装配要求，装饰材料应具有一定的强度、刚度和硬度，且适应运输和安装等需要。

②应充分考虑按不同组件间的连接设计不同装饰材料之间的连接。

③室内装修的标准构配件宜采用工业化产品。

④应减少施工现场的湿作业。

（7）在建筑装修材料和设备需要与预制构件连接时，应充分考虑按不同组件间的连接设计不同装饰材料之间的连接，应采用预留埋件的安装方式，当采用其他安装固定方式时，不可影响预制构件的完整性与结构安全。

9. 防护设计

（1）装配式木结构建筑防水、防潮和防生物危害设计应符合现行国家标准《木结构设计规范》（GB 50005—2003）的规定。设计文件中应规定采取防腐措施和防生物危害措施。

（2）需防腐处理的预制木结构组件应在机械加工工序完成后进行防腐处理，不宜在现场再次进行切割或钻孔。装配式木结构建筑应在干燥环境下施工，预制木结构组件在制作、运输、施工和使用过程中应采取防水、防火、措施。外墙板接缝、门窗洞口等防水薄弱部位除应采用防水材料外，还需要采用与防水构造措施相结合的方法进行保护。施工前应对建筑基础及周边进行除虫处理。

（3）除严寒和寒冷地区外，都需要控制蚁害。原木墙体靠近基础部位的外表面应使用含防白蚁药剂的漆进行处理，处理高度大于等于 300 mm。露天结构、内排水桁架的支座节点处以及檩条、搁栅、柱等木构件直接与砌体和混凝土接触的部位应进行药剂处理，

10. 设备与管线系统设计

（1）设备管道宜集中布置，设备管线预留标准化接口。

（2）预制组件应考虑设备与管线系统荷载、普线管道预留位置和铺设用的预理件等。

（3）预制组件上应预留必要的检修位置。

（4）铺设产生高温管道的通道，需采用不燃材料制作，并应设置通风措施。

（5）铺设产生冷凝管道的通道，应采用耐水材料制作，并应设置通风措施。

（6）装配式木结构宜采用阻燃低烟无卤交联聚乙烯绝缘电力电缆、电线或无烟无卤电力电缆、电线。

（7）预制组件内预留有电气设备时，应采取有效措施满足隔声及防火的要求。

（8）装配式木结构建筑的防雷设计应符合《民用建筑电气设计规范》（JCJ 16—2008）、《建筑物防雷设计规范》（GB 50057—1994）等现行国家、行业设计标准。预制

构件中需要预留等电位连接位置。

（9）装配式木结构建筑设计应合理考虑智能化要求，并在产品预制中综合考虑预留管线；消防控制线路应顶留金属套管。

2.3.2　木结构结构设计

1. 结构设计的一般规定

（1）结构体系要求

①装配式木结构建筑的结构体系应满足承载能力、刚度和延性的要求；

②应采取加强结构整体性的技术措施；

③结构应规则、平整，在两个主轴方向的动力特性的比值不大于10%；

④应具有合理明确的传力路径；

⑤结构薄弱部位应采取加强措施；

⑥应具有良好的抗震能力和变形能力。

（2）抗震验算

装配式木结构建筑抗震设计时，装配式纯木结构在多遇地震验算时阻尼比可取0.03，在罕遇地震验算时阻尼比可取0.05；装配式木混合结构可按位能等效原则计算结构阻尼比。

（3）结构布置

装配式木结构的整体布置应连续、均匀，避免抗侧力结构的侧向刚度和承载力沿竖向突变，需要符合现行国家标准《建筑抗震设计规范》（GB 50011—2001）的有关规定。

（4）考虑不利影响

装配式木结构在结构设计时应采取有效措施减小木材因干缩、蠕变而产生的不均匀变形、受力偏心、应力集中或其他不利影响，并应考虑不同材料的温度变化、基础差异沉降等非荷载效应的不利影响。

（5）整体性保证

装配式木结构建筑构件的连接应保证结构的整体性，连接节点的强度不应低于被连接构件的强度，节点和连接应受力明确、构造可靠，并应满足承载力、延性和耐久性等要求。当连接节点具有耗能目的时，可做特殊考虑。

（6）施工验算

①预制组件应进行翻转、运输、吊运和安装等短暂设计状况下的施工验算。验算时，应将预制组件自重标准值乘以动力放大系数作为等效静力荷载标准值。运输、吊装时，动力系数宜取1.5；翻转及安装过程中就位、临时固定时，动力系数可取1.2。

②预制木构件和预制木结构组件应进行吊环强度验算和吊点位置的设计。

2. 结构分析

（1）结构体系和结构形式的选用应根据项目特点，充分考虑组件单元拆分的便利性、组件制作的可重复性以及运输和吊装的可行性。

（2）结构计算模型应根据结构实际情况确定，所选取的模型应能准确反映结构中各构件的实际受力状态，模型的连接节点的假定应符合结构实际节点的受力状况。分析模型的计算结果需经分析和判断，确认其合理和有效后方可用于工程设计。结构分析时，应根据连接节点性能和连接构造方式确定结构的整体计算模型。结构分析可选择空间杆系、空间杆-墙板元及其他组合有限元等计算模型。

（3）体型复杂、结构布置复杂以及特别不规则结构和严重不规则结构的多层装配式木结构建筑，应采用至少两种不同的结构分析软件进行整体计算。

（4）装配式木结构内力计算可采用弹性分析。分析时可根据楼板平面内的整体刚度情况假定楼板平面内的刚性。当有措施保证楼板平面内的整体刚度时，可假定楼板平面内为无限刚性，否则应考虑楼板平面内变形的影响。

（5）当装配木结构建筑的结构形式采用梁柱-支撑结构或梁柱-剪力墙结构时，不应采用单跨框架体系。

（6）按弹性方法计算的风荷载或多遇地震标准值作用下的楼层，层间位移角应符合下列规定。

①轻型木结构建筑不得大于1/250。

②多高层木结构建筑不大于1/350。

③轻型木结构建筑和多高层木结构建筑的弹出性层间位移角不得大于1/50。

（7）装配木结构中抗侧力构件受的剪力对柔性楼盖和屋盖宜按面积分配法进行分配；对刚性楼盖和屋盖宜按抗侧力构件等效刚度的比例进行分配。

3. 组件设计

装配式木结构建筑的组件主要包括预制梁、柱、板式组件和空间组件等，组件设计时需确定集成方式。集成方式包括：①散件装配；②散件或分部组件在施工现场装配为整体组件再进行安装；③在工厂完成组件装配，运到现场直接安装。

集成方式需依据组件尺寸是否符合运输和吊装条件确定。组件的基本单元需要规格化，便于自动化制作。组件安装单元可根据现场情况和吊装等条件采用以下组合方式：①采用运输单元作为安装单元；②现场对运输单元进行组装后作为安装单元；③采用上述两种方式混合安装单元。

当预制构件之间的连接件采用暗藏方式时，连接件部位应预留安装洞口，安装完成后，采用在工厂预先按规格切割的板材进行封闭。

（1）梁柱构件设计

梁柱构件的设计验算应符合现行国家标准《木结构设计规范》（GB 50005—2003）和《胶合木结构技术规范》（GB/T 50708—2012）的规定。在长期荷载作用下，应进行承载力和变形等验算。在地震作用和火灾状况下，应进行承载力验算。

用于固定结构连接性的预埋件不宜与预埋吊件和临时支撑用的预埋件兼用。当必须兼用时，应同时满足所有设计工况的要求。预制构件中预埋件的验算应符合现行国家标准《木结构设计规范》（GB 50005—2003）、《钢结构设计规范》（GB 17—1988）和《木结构工程施工规范》（GB/T 50772—2012）的相关规定。

（2）墙体、楼盖、屋盖设计

①装配式木结构的楼板和墙体应按现行国家标准《木结构设计规范》（GB 50005—2003）的规定进行验算。

②墙体、楼盖和屋盖按预制程度不同，可分为开放式组件和封闭式组件。

③预制木墙体的墙骨柱、顶梁板、底梁板和墙面板应按现行国家标准《木结构设计规范》（GB 50005）和《多高层木结构建筑技术标准》（GB/T 51226）的规定进行设计。

a. 应验算墙骨柱、顶梁板和底梁板连接处的局部承压承载力。

b. 顶梁板、楼盖和屋盖的连接应进行平面内与平面外的承载力验算。

c. 外墙中的顶梁板、底梁板与墙骨柱的连接应进行墙体平面外承载力验算。

④预制木墙板在竖向及平面外荷载作用时，墙骨柱宜按两端铰接的受压构件设计，构件在平面外的计算长度应为墙骨柱长度；当墙骨柱两侧布置木基结构板或石膏板等覆面板时，可以不进行平面内的侧向稳定验算，平面内只需进行强度计算。墙骨柱在竖向荷载作用下，在平面外弯曲的方向应考虑 0.05 倍墙骨柱截面高度的偏心距。

⑤预制木墙板中外墙骨柱时应考虑风荷载效应的组合，需要按两端铰接的受压构件设计。当外墙围护材料较重时，应考虑围护材料引起的墙体平面外的地震作用。

⑥墙板、楼面板和屋面板应采用合理的连接形式，并应进行抗震设计。连接节点应具有足够的承载力和变形能力，并应采取可靠的防腐、防锈、防虫、防潮和防火措施。

⑦当非承重的预制木墙板采用木骨架组合墙体时，其设计和构造要求应符合国家标准《木骨架组合墙体技术规范》（GB/T 50361）的规定。

⑧正交胶合木墙体的设计应符合国家标准《多高层木结构建筑技术标准》（GB/T 51226）的要求：

a. 剪力墙的高宽比不宜小于 1，且不大于 4；当高宽比小于 1 时，墙体应当分为两段，中间应用耗能金属件连接。

b. 墙应具有足够的抗倾覆能力，当结构自重不能抵抗倾覆力矩时，设置抗拔连接件。

⑨装配式木结构中楼盖宜采用正交胶合木楼盖、木搁栅与木基结构板材楼盖。装配式木结构中屋盖系统可采用正交胶合木屋盖、橡条式屋盖、斜撑梁式屋盖和桁架式屋盖。

⑩橡条式屋盖和斜梁式屋盖的组件单元尺寸应按屋盖板块大小及运输条件确定。

⑪桁架式屋盖的桁架应在工厂加工制作。桁架式屋盖的组件单元尺寸应按屋盖板块大小及运输条件确定，并应符合结构整体设计的要求。

⑫楼盖体系应按现行国家标准《木结构设计规范》（GB 50005）的规定进行格栅振动验算。

（3）其他组件设计

①装配式木结构建筑中的木楼梯和木阳台宜在工厂按一定模数预制为组件。

②预制木楼梯与支撑构件之间宜采用简支连接。

a. 预制楼梯宜一端设置固定铰，另一端设置滑动铰。其转动及滑动能力应满足结构层间位移的要求，在支撑构件上的最小搁置长度不小于100 mm。

b. 预制楼梯设置滑动铰的端部应采取防止滑落的构造措施。

③装配式木结构建筑中的预制木楼梯可采用规格材、胶合木和正交胶合木制成。楼梯的梯板梁应按压弯构件计算。

④装配式木结构建筑中的阳台可采用挑梁式预制阳台或挑板式预制阳台。其结构构件的内力和正常使用阶段变形应按现行国家标准《木结构设计规范》（GB 50005）的规定进行验算。

⑤楼梯、电梯井、机电管井、阳台、走道和空调板等组件宜整体分段制作，设计时应按构件的实际受力情况进行验算。

4. 吊点设计

木结构组件和部品吊点设计包括以下内容。

（1）吊装方式的确定　木结构组件和部品吊装方式包括软带捆绑式和预埋螺母式等。设计时需要根据组件或部品的重量和形状确定吊装方式。

（2）吊点位置的计算　应根据组件和部品的形状与尺寸，选择受力合理和变形最小的吊点位置；异形构件需要根据重心计算确定吊点位置。

（3）吊装复核的计算　复核计算吊装用软带、吊索和吊点受力。

（4）临时加固措施设计　对刚度差的构件或吊点附近应力集中处，应根据吊装受力情况对其采用临时加固措施。

2.3.3　各种木结构类型的设计

1. 轻型木结构设计

轻型木结构建筑中，墙体、楼盖和屋盖一般由规格材墙骨柱和结构或非结构覆面板材通过栓钉等连接组合而成，并形成围护结构以安装固定外墙饰面、楼板饰面以及屋面材料。结构覆面板材还是剪力墙和楼盖中重要的结构抗侧力构件。承重墙将竖向荷载传递到基础，同时可以设计为剪力墙抵抗侧向荷载。屋盖和楼盖可以承受竖向荷载，同时将侧向荷载传递到剪力墙。这些构造特点使得轻型木结构可以适应并达到不同预制化程度的要求。典型的轻型木结构主要结构构件如图2-39所示。

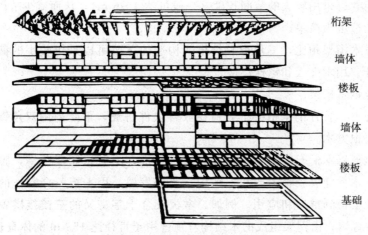

桁架

墙体

楼板

墙体

楼板

基础

图 2-39　典型的轻型木结构构件

轻型木结构的设计方法主要有构造设计法和工程设计法两种。

（1）构造设计法

构造设计法就是对满足一定条件的房屋可以不做结构内力分析（特别是抗侧力分析），只进行结构构件的竖向承载力分析验算，根据构造要求设计施工。构件的竖向承载力验算主要针时受弯构件，可以从木材供应商或设计手册（如介绍不同跨度和荷载情况下应选择的树种、木材等级以及截面尺寸的"跨度表"）中查到需要的材料规格。这种设计方法可以极大地提高工作效率，避免不必要的重复劳动。构造设计法适用于设计使用年限为 50 年以内（含 50 年）的安全等级为二、三级的轻型木结构和上部为轻型木结构的混合木结构的抗侧力设计。

（2）工程设计法

工程设计法是常规的结构工程设计方法，通过工程计算来确定结构构件的尺寸和布置，以及构件和构件之间的连接设计。一般的设计流程：首先根据建筑物所在地以及建筑功能确定荷载类别和性质；其次进行结构布置；再次进行荷载和地震作用计算，从而进行相应的结构内力和变形等分析，验算主要承重和连接构件的承载力与变形情况；最后提出必要的构造措施等。

2. 胶合木结构

胶合木结构是指承重构件主要采用层板胶合木制作的单层或多层建筑结构，也称层板胶合木结构。胶合木是以厚度不大于 45 mm 的木板叠层胶合而成的木制品，正常称为层板胶合木。胶合木不受天然木材尺寸的限制，能够被制成满足建筑和结构要求的各种尺寸的构件。

（1）胶合木结构桁架

胶合木结构桁架一般由若干胶合构件组成。由于胶合构件的截面尺寸和长度不受木材天然尺寸的限制，因此与一般木桁架相比，胶合桁架的承载能力和应用范围要大得多。胶合桁架可采用较大的节间长度（一般可达 4～6 m），从而减少节间数目，使桁架的形式和构造更为简单。

和一般方木桁架相比，三角形胶合桁架构造的下弦可以采用较小的截面，且下弦可在跨中断开，用木夹板和螺栓连接。

（2）胶合钢木桁架

通常情况下，胶合钢木桁架上弦通用胶合块件拼成，下弦采用双角钢，腹杆采用胶合构件或整根方木。

四节间弧形钢木桁架的上弦采用胶合块件拼成，下弦采用双角钢，腹杆采用胶合构件或整根方木。随着胶合工艺和木结构技术的发展，用木板胶合制作的大跨度的框架、拱和网架也得到推广和应用。例如，木板胶合十字交叉的三铰接拱曾用于跨度达93.97 m 的体育馆；由网架组成的木结构穹顶曾用于直径达 153 m 的体育建筑。

（3）方木原木结构

方木原木结构的主要形式包括穿斗式木结构、抬梁式木结构、井干式木结构、平顶式木结构，以及现代木结构广泛采用的框架剪力墙结构和梁柱式木结构，也包括作为楼盖或屋盖在其他材料结构（混凝土结构、砌体结构和钢结构）中组合使用的混合结构。原木结构房屋体系如图 2-40 所示。

原木结构是采用规格及形状统一的方木和圆形实木或承压木构件叠合制作，集承重体系与围护结构于一体的一种木结构体系。方木原木结构中，由地震作用或风荷载引起的剪力应由柱、剪力墙、楼盖和屋盖共同承担。方木原木结构设计应符合下列要求。

①选材宜用于结构受压和受弯构件。

②选用在干燥过程中容易翘裂的树种木材（如落叶松、云南松等）制作桁架时，宜采用钢下弦；当采用木下弦时，原木的跨度不宜大于 15 m，方木的跨度不应大于 12 m，且应采取有效防止裂缝危害的措施。

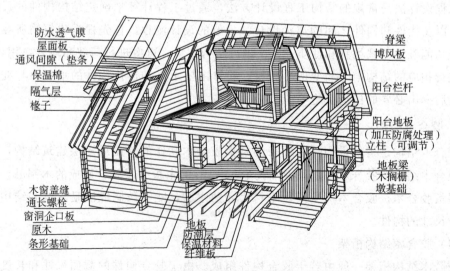

图 2-40　原木结构房屋体系

③木屋盖宜采用外排水；若必须采用内排水时，不采用木制天沟。

④合理地降低构件截面的规格，以符合工业化生产的要求。

⑤应保证木构件特别是钢木桁架在运输和安装过程中的强度、刚度和稳定性，必要时应在施工图中列出注意事项。

⑥木结构的钢材部分应有防锈措施。

（4）墙体设计

除设计规定外，墙骨间距不应大于 610 mm，且其整数倍应与所用墙面板标准规格的长、宽尺寸一致，并应使墙面板的接缝位于墙骨厚度的中线位置。承重墙转角和外墙与内承重墙相交处的墙骨不应少于 2 根规格材，如图 2-41 所示。楼盖梁支座处墙骨规格材的数量应符合设计文件的规定。门窗洞口宽度大于墙骨间距时，洞口两边墙骨应至少使用 2 根规格材，靠洞边的 1 根可用作门、窗过梁的支座，如图 2-42 所示。

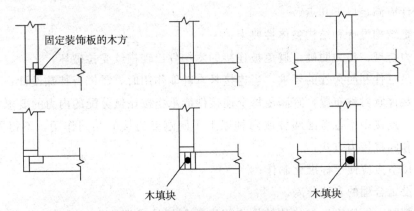

图 2-41　承重墙转角和相交处墙骨布置

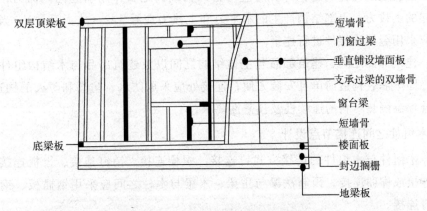

图 2-42　首层承重墙木构架示意图

（5）木栏杆设计

①阳台、外廊、室内回廊、内天井、上人屋面和楼梯等临空处应设置防护栏杆，阳台部品宜预先留设栏杆或栏板安装的埋件。

②当采用木栏杆时，木栏杆应安全、坚固、耐用。临空高度小于 24 m 时，可采用木栏杆和木栏板，高度不应低于 1.05 m；临空高度大于或等于 24 m 时，可采用钢木栏杆或钢木栏板，高度不应低于 1.10 m。

③住宅、托儿所、幼儿园、中小学及其他少年儿童专用活动场所的木栏杆必须采取防止攀爬的构造，并且能承受规定的水平荷载。

2.3.4　木结构连接设计

1. 连接设计的一般规定

（1）工厂预制的组件内部连接应符合强度和刚度的要求，组件间的连接质量应符合加工制作工厂的质量检验要求。

（2）预制组件间的连接可按结构材料、结构体系和受力部位采用不同的连接形式。连接的设计应满足以下几点。

①满足结构设计和结构整体性要求；

②受力合理，传力明确，避免被连接的木构件出现横纹受拉破坏；

③满足延性和耐久性的要求，当连接具有耗能作用时，需进行特殊设计；

④连接件宜对称布置，宜满足每个连接件能承担按比例分配的内力的要求；

⑤同一连接中不得考虑两种或两种以上不同刚度连接的共同作用，不得同时采用直接传力和间接传力方式；

⑥连接节点应便于标准化制作；

⑦应设置合理的安装公差。

（3）预制木结构组件与其他结构之间需采用锚栓或螺栓进行连接。螺栓或锚栓的直径和数量应通过计算确定，计算时应考虑风荷载和地震作用引起的侧向力，以及风荷载引起的上拔力。上部结构产生的水平力和上拔力应乘 1.2（放大系数）。当有上拔力时，应采用金属连接件进行连接。

（4）建筑部品之间、建筑部品与主体结构之间以及建筑部品与木结构组件之间的连接应稳固牢靠、构造简单且安装方便；连接处应采取防水、防潮和防火的构造措施，并应符合保温隔热材料的连续性及气密性要求。

2. 木组件之间连接节点设计

（1）木组件与木组件的连接方式钉连接、螺栓连接、销钉连接、齿板连接、金属连接件连接或榫卯连接。预制次梁与主梁、木梁与木柱之间应采用钢插板、钢夹板和螺栓进行连接。

（2）钉连接和螺栓连接可采用双剪连接或单剪连接。当钉连接采用的圆钉有效长度小于钉直径的 4 倍时，不应考虑圆钉的抗剪承载力。

（3）处于腐蚀环境、潮湿或有冷凝水环境的木桁架不宜采用齿板连接。齿板不得用于传递压力。

（4）预制木结构组件之间应通过连接形成整体，预制单元之间不应相互错动。

（5）在一个楼盖、屋盖计算单元内，采用能提高结构整体抗侧力的金属拉条进行加固。金属拉条可用作下列构件之间的连接构造措施：

①楼盖、屋盖边界构件的拉结或边界构件与外墙间的拉结；

②楼盖、屋盖平面内剪力墙之间或剪力墙与外墙的拉结；

③剪力墙边界构件的层间拉结；

④剪力墙边界构件与基础的拉结。

（6）当金属拉条用于楼盖和屋盖平面内拉结时，金属拉条应与受压构件共同受力。当平面内无贯通的受压构件时，需设置填块。填块的长度应通过计算确定。

3. 木组件与其他结构连接设计

（1）木组件与其他结构的水平连接应符合组件间内力传递的要求，并应验算水平连接处的强度。

（2）木组件与其他结构的竖向连接，除应符合组件间内力传递的要求外，还应符合被连接组件在长期作用下的变形协调要求。

（3）木组件与其他结构宜采用销轴类紧固件进行连接，连接时应在混凝土中设置预埋件。连接锚栓应进行防腐处理。

（4）木组件与混凝土结构的连接锚栓应进行防腐处理。连接锚栓应承担由侧向力引起的全部基底水平剪力。

（5）轻型木结构的螺栓直径不得小于 12 mm，间距不应大于 2.0 m，埋入深度不应小于螺栓直径的 25 倍；地梁板的两端 100～300 mm 处，应各设一个螺栓。

（6）当木组件的上拔力大于重力荷载代表值的 0.65 倍时，预制剪力墙两侧边界构件进行层间连接或抗拔锚固件连接，连接应按承受全部上拔力进行设计。

（7）当木屋盖和木楼盖作为混凝土或砌体墙体的侧向支承时，应采用锚固连接件直接将墙体与木屋盖、楼盖连接。锚固连接件的承载力应按墙体传递的水平荷载计算，且锚固连接沿墙体方向的抗剪承载力不应小于 3.0 kN/m。

（8）装配式木结构的墙体应支撑在混凝土基础或砌体基础顶面的混凝土梁上。混凝土基础或梁顶面砂浆应平整，倾斜度不应大于 0.2%。

（9）木组件与钢结构宜采用销轴类紧固件进行连接。当采用剪板连接时，紧固件应采用螺栓或木螺钉，剪板采用可锻铸铁制作。剪板构造要求和抗剪承载力计算应符合现行国家标准《胶合木结构技术规范》（GB/T 50708）的规定。

4. 其他连接

（1）外围护结构的预制墙板应采用合理的连接节点，并与主体结构进行可靠连接；支撑外挂墙板的结构构件应具有足够的承载力和刚度；外挂墙板与主体结构宜采用柔性连接，连接节点应具有足够的承载力和适应主体结构变形的能力，并应采取可靠的防腐、防锈和防火措施。

（2）轻型木结构地梁板与基础的连接锚栓应进行防腐处理。连接锚栓应承担由侧向力引起的全部基底水平剪力。

地梁板应采用经加压防腐处理的规格材，其截面尺寸应与墙骨相同。地梁板与混凝土基础或圈梁应采用预埋螺栓、化学锚栓或植筋锚固，螺栓直径不应小于 12 mm，间距不应大于 2.0 m，埋深不应小于 300 mm，螺母下应设直径不小于 50 mm 的垫圈。在每块地梁板两端和每片剪力墙端部均应有螺栓锚固，端距不应大于 300 mm，钻孔孔径可比螺杆直径大 1～2 mm。地梁板与基础顶的接触面间应设防潮层，防潮层可选用厚度不小于 0.2 mm 的聚乙稀薄膜，存在的缝隙需用密封材料填满。

2.4 木结构构件制作

2.4.1 木结构预制构件制作的内容

装配式木结构建筑的构件（组件和部品）大都在工厂生产线上预制，包括构件预制、板块式预制、模块化预制和移动木结构。木结构预制构件生产线的优点主要有：①易于实现产品质量的统一管理，确保加工精度、施工质量及稳定性；②构件可以统筹计划下料，有效地提高了材料的利用率，减少了废料的产生；③工厂预制完成后，现场直接吊装组合能够大大减少现场施工时间、现场施工受气候条件的影响和劳动力成本。

1. 构件预制

构件预制是指单个木结构构件（如梁、柱等构件和组成组件的基本单元构件的工厂代制作，主要适用于普通木结构和胶合木结构。构件预制是装配式木结构建筑的最基本方式，其优点是构件运输方便，并可根据客户具体要求实现个性化生产，缺点是现场施工组装工作量大。

构件预制的加工设备大都采用先进的数控机床（CNC）。目前，国内大部分木结构企业都引进了国外先进木结构加工设备和成熟技术，具备了一定的构件预制能力。

2. 板块式预制

板块式预制是将整栋建筑分解成几个板块，在工厂预制完成后运输到现场进行吊装组合。预制板块的大小根据建筑物体量、跨度、进深、结构形式和运输条件确定。一般而言，每面墙体、楼板和每侧屋盖构成单独的板块。预制板块根据开口情况分为开放式和封闭式两种。

（1）开放式板块 开放式板块是指墙面没有封闭的板块，保持一面或双面外露，便于后续各板块之间的现场组装、安装设备与管线系统和现场质量检查。

开放式板块集成了结构层、保温层、防潮层、防水层、外围护墙板和内墙板。一面外露的板块一般为外侧是完工表面，内侧墙板未安装。

（2）封闭式板块　封闭式板块内外侧均为完工表面，且完成了设施布线和安装，仅各板块连接部分保持开放。这种建造技术主要适用于轻型木结构建筑，可以大大缩短施工工期。

板块式木结构技术既充分利用了工厂预制的优点，又便于运输（包括长距离海运）。例如，有些欧洲国家为降低建造成本，在中国木结构工厂加工板块，用集装箱运回欧洲在工地现场安装。

3. 模块化预制

模块化预制可用于建造单层或多层木结构建筑。单层建筑的木结构系统一般由2～3个模块组成，两层建筑木结构系统由4～5个模块组成。模块化木结构会设置临时钢结构支承体系以满足运输、吊装的强度与刚度要求，吊装完成后撤除。模块化木结构最大化地实现了工厂预制，也实现了自由组合，在欧美发达国家得到了广泛应用，但在国内还处于探索阶段。

4. 移动木结构

移动木结构是整座房子完全在工厂预制装配的木结构建筑，不仅完成了所有结构工程，还完成了所有内外装修，管道、电气、机械系统和厨卫家具都安装到位。房屋运输到建筑现场吊装，安放在预先建造好的基础上，接驳上水、电和煤气后，马上可以入住。由于道路运输问题，目前移动木结构仅局限于单层小户型住宅和旅游景区小体量景观房屋。

2.4.2　制作工艺与生产线

木结构构件制作车间如图2-43所示。

图2-43　木结构构件制作车间

下面以轻型木结构墙体预制为例，介绍木结构构件制作工艺流程。

首先对规格材进行切割；然后进行小型框架构件组合，墙体整体框架组合，结构覆面板安装，在多功能工作桥进行上钉卯、切割，为门窗的位置开孔、打磨，翻转墙体敷设保温材料、蒸汽阻隔、石膏板等；最后进行门和窗安装，外墙饰面安装。

生产线流向为：锯木台—小型框架构件工作台—框架工作台—覆面板安装台—多功能场（上钉、切割、开孔、打磨）—翻转墙体台—直立存放。

（1）预制木结构组件应按设计文件制作。制作工厂除了需要具备相应的生产场地和生产工艺设备外，还需要有完善的质量管理体系和试验检测手段，并且需要建立组件制作档案。

（2）制作前应制定制作方案，包括制作工艺要求、制作计划、技术质量控制措施、成品保护、堆放及运输方案等。

（3）制作过程中需控制制作及储存环境的温度、湿度。木材含水率应符合设计文件的规定。

（4）预制木结构组件和部品在制作、运输和储存过程中，应采取防水、防潮、防火、防虫和防止损坏的保护措施。

（5）每种构件的首件须进行全面检查，符合设计与规范要求后再进行批量生产。

（6）宜采用 BIM 信息化模型校正和组件预拼装。

（7）对于有饰面材料的组件，制作前应绘制排版图，制作完成后应在工厂进行预拼装。

2.4.3 构件验收

木结构预制构件验收包括原材料验收、配件验收和构件出厂验收。除了按木结构工程现行国家标准验收和提供文件与记录外，还需提供下列文件和记录。

（1）工程设计文件，包括深化设计文件。

（2）预制组件制作和安装的技术文件。

（3）预制组件使用的主要材料、配件及其他相关材料的质量证明文件、进场验收记录、抽样复验报告。

（4）预制组件的预拼装记录。预制木结构组件制作误差应符合现行国家标准的规定。

（5）预制正交胶合木构件的厚度宜小于 500 mm，且制作误差应符合表 2-1 的规定。

（6）预制木结构组件检验合格后应设置标识。标识内容宜包括产品代码或编号、制作日期、合格状态、生产单位等信息。

表 2-1　正交胶合木构件尺寸偏差表

类别	允许偏差
厚度 h	大于 1.6 mm 与 0.02 h 两者的较大值
宽度 b	小于或等于 3.2 mm
长度 L	小于或等于 6.4 mm

2.4.5　运输与储存

1. 运输

木结构组件和部品运输须符合以下要求。

（1）制定装车固定、堆放支垫和成品保护方案。

（2）采取措施防止运输过程中组件移动、倾倒和变形。

（3）存储设施和包装运输应采取使其达到要求含水率的措施，并应有保护层包装，对边角部需设置保护衬垫。

（4）预制木结构组件水平运输时，应将组件整齐地堆放在车厢内。梁、柱等预制木组件可分层隔开堆放，上、下分隔层垫块应竖向对齐，悬臂长度不宜大于组件长度的 1/4。板材和规格材应纵向平行堆垛、顶部压重存放。

（5）预制木桁架整体水平运输时，宜竖向放置，支撑点应设在桁架两端节点支座处，下弦杆的其他位置不得有支撑物。应在上弦中央节点处的两侧设置斜撑，并且与车厢牢固连接，按桁架的跨度大小设置若干对斜撑。数榀衔架并排竖向放置运输时，需在上弦节点处用绳索将各桁架彼此系牢。

（6）预制木结构墙体宜采用直立插放架运输和储存。插放架应有足够的承载力和刚度，并应支垫稳固。

2. 储存

预制木结构组件的储存应符合下列规定。

（1）组件应存放在通风良好的仓库或防雨的有顶场所内。堆放场地应平整、坚实，并应具备良好的排水设施。

（2）施工现场堆放的组件需按安装顺序分类堆放。堆垛需布置在起重机工作范围内，且不应受其他工序施工作业影响。

（3）采用叠层平放的方式堆放时，应采取防止组件变形的措施。

（4）吊件应朝上，标志需朝向堆垛间的通道。

（5）支垫应坚实，垫块在组件下的位置需与起吊位置一致。

（6）重叠堆放组件时，每层组件间的垫块应上下对齐；堆垛层数需按组件、垫块的承载力确定，并采取防止堆垛倾覆的措施。

（7）采用靠架堆放时，靠架应具有足够的承载力和刚度，与地面倾斜角度应大于80°。

(8) 堆放曲线形组件时，应按组件形状采取相应的保护措施。

(9) 对在现场不能及时进行安装的建筑模块应采取保护措施。

2.5　木结构安装施工与验收

2.5.1　安装准备

装配式木结构构件安装准备工作包括以下内容。

(1) 装配式木结构施工前编制施工组织设计方案。

(2) 安装人员应培训合格后上岗，特别应注重起重机司机与起重工的培训。

(3) 起重设备、吊索吊具的配置与设计。

(4) 吊装验算：构件搬运、装卸时，动力系数取1.2；构件吊运时，动力系数可取1.5；当有可靠经验时，动力系数可根据实际受力情况和安全要求适当增减。

(5) 临时堆放与组装场地准备，或在楼层平面进行上一层楼的部品组装。

(6) 对于安装工序要求复杂的组件，选择有代表性的单元进行试安装，并根据试安装结果对施工方案进行调整。

(7) 施工安装前需要检验以下内容：

①混凝土基础部分是否满足木结构施工安装精度要求；

②安装所用材料及配件是否符合设计和国家标准及规范要求；

③预制构件的外观质量、尺寸偏差、材料强度和预留连接位置等；

④连接件及其他配件的型号、数量和位置；

⑤预留管线、线盒等的规格、数量、位置及固定措施等。

以上检验若不合格，不得进行安装。

(8) 测量放线等。

2.5.2　安装要点

1. 吊点设计

吊点设计由设计方给出，需符合以下要求。

(1) 对于已拼装构件，应根据结构形式和跨度确定吊点。施工方须进行试吊，证明结构具有足够的刚度后方可开始吊装。

(2) 杆件吊装宜采用两点吊装，长度较大的构件可采取多点吊装。

(3) 长细杆件应复核吊装过程中的变形及平面外稳定，板件类、模块化构件应采用多点吊装。组件上应有明显的吊点标示。

2. 吊装要求

（1）对于刚度差的构件，应根据其在提升时的受力情况用附加构件进行加固。

（2）吊装过程应平稳。构件吊装就位时，需使其拼装部位对准预设部位垂直落下。

（3）正交胶合木墙板吊装时，宜采用专用吊绳和固定装置，移动时采用锁扣扣紧。

（4）竖向组件和部件安装应符合下列规定。

①底层构件安装前，应复核结合面标高，并安装防潮垫或采取其他防潮措施；

②其他层构件安装前，应复核已安装构件的轴线位置、标高；

③柱的安装应先调整标高，再调整水平位移，最后调整垂直偏差。柱的标高、位移、垂直偏差应符合设计要求。调整柱垂直度的缆风绳或支撑夹板，应在柱起吊前在地面绑扎好；

④校正构件安装轴线位置后，初步校正构件垂直度并紧固连接节点，同时采取临时固定措施。

（5）安装水平组件时，应复核支撑位置连接件的坐标，应对与金属、砖、石混凝土等的结合部位采取相应的防潮、防腐措施。

（6）安装柱与柱之间的主梁构件时，应对柱的垂直度进行检测。除检测梁两端柱子的垂直度变化外，还应检测相邻各柱因梁连接影响而产生的垂直度变化。

（7）桁架可逐榀吊装就位，或多榀桁架按间距要求在地面用永久性或临时支撑组合成数榀后一起吊装。

3. 临时支撑

（1）构件安装后应设置防止失稳或倾覆的临时支撑。可通过临时支撑对构件的位置和垂直度进行微调。

（2）水平构件支撑不宜少于 2 道。

（3）预制柱、墙的支撑点距底部的距离不宜小于高度的 2/3，且不可小于高度的 1/2。

（4）吊装就位的桁架应设临时支撑以保证其安全和垂直度。当采用逐榀吊装时，第一榀桁架的临时支撑应有足够的能力防止后续桁架的倾覆，其位置应与被支撑桁架的上弦杆的水平支撑点一致，支撑的一端应可靠地锚固在地面或内侧楼板上

4. 连接施工

（1）螺栓应安装在预先钻好的孔中。孔不能太小或太大。如果孔洞太小，则需对木构件重新钻孔，会导致木构件的开裂，而这种开裂会极大地降低螺栓的抗剪承载力；相反如果孔洞太大，则销槽内会产生不均匀压力。预钻孔的直径比螺栓直径约大 0.8～1.0 mm，螺栓的直径不宜超过 25 mm。

（2）螺栓连接中力的传递依赖于孔壁的挤压，因此连接件与被连接件上的螺栓孔必须同心。

（3）预留多个螺栓钻孔时，宜将被连接构件临时固定后进行一次贯通施钻。安

装螺栓时应拧紧，确保各被连接构件紧密接触，但拧紧时不得将金属垫板嵌入胶合木构件中。

（4）螺栓连接中，垫板尺寸仅需满足构造要求，无须验算木材横纹的局部受压承载力。

5. 其他要求

（1）现场安装时，未经设计允许不得对预制木构件采取切割、开洞等影响预制木构件完整性的行为。

（2）装配式木结构现场安装全过程中，应采取防止预制木构件及建筑附件、吊件等破损、遗失或污染的措施。

2.5.3 防火施工要点

（1）木构件防火涂层施工可在木结构工程安装完成后进行。木材含水率不应大于15%，构件表面应清洁且无油性物质污染，木构件表面喷涂层应均匀无遗漏；木材厚度应符合设计规定。

（2）防火墙设置和构造应按设计规定施工。砖砌防火墙厚度和烟道、烟囱壁厚度不应小于 240 mm；金属烟囱应外包厚度不小于 70 mm 的矿棉保护层或耐火极限不低于 1.00 h 的防火板覆盖；烟囱与木构件间的净距不应小于 120 mm，且应有良好的通风条件；烟囱出楼屋面时，其间隙应使用不燃材料封闭；砌体砌筑时砂浆需饱满，清水墙需仔细勾缝。

（3）楼盖、楼梯、顶棚以及墙体内最小边长超过 25 mm 的空腔的贯通的竖向高度超过 3 m、或贯通的水平长度超过 20 m 时，均应设置防火隔断。天花板、屋顶空间以及未占用的阁楼空间所形成的隐蔽空间面积超过 300 m²，或长边长度超过 20 m 时，均应设置防火隔断，并应分隔成面积不超过 300 m² 且长边长度不超过 20 m 的隐蔽空间。

（4）木结构房屋室内装饰、电器设备的安装等工程，应符合现行国家标准《建筑内部装修设计防火规范》（GB 50222）的有关规定。木结构房屋火灾的发生通常由其他工种施工的防火缺失所致，故房屋装修需要满足相应的防火规范要求。

2.5.4 工程验收

装配式木结构建筑与普通木结构建筑工程验收的要求一样，采用《木结构质量验收规范》（GB 50206—2012），其要点如下。

（1）装配式木结构子分部工程分为木结构制作安装和木结构防护（防腐、防火）分项工程。先验收分项工程，再验收子分部工程。

（2）制作用的原材料与配件验收、木结构组件验收在工厂进行，要有合格证书。

（3）外观验收需符合以下规定。

①A级，结构构件外露，构件表面孔洞需采用木材修补，木材表面应用砂纸打磨。

②B级，结构构件外露，外表可用机具刨光，表面可有轻度漏刨、细小缺陷和空

隙，但不可有松软的孔洞。

③C 级，结构构件不外露，构件表面可不进行刨光。

（4）主控项目（参见表 2-2）

①结构形式、布置与构件截面尺寸。

②预埋件位置、数量与连接方式。

③连接件类别、规格与数量。

④构件含水率。

⑤受弯构件抗弯性能见证试验。

⑥弧形构件曲率半径及其偏差。

⑦装配式轻型木结构和装配式正交胶合木结构的承重墙、剪力墙、柱、楼盖、屋盖的布置、抗倾覆措施及屋盖抗掀起应有应对措施。

（5）一般项目

①木结构尺寸偏差，螺栓预留孔尺寸偏差，混凝土基础平整度。

②预制墙体、楼盖、屋盖组件内的填充材料。

③外墙防水防潮层、胶合木构件外观。

④木骨架组合墙体的墙骨间距和布置，开槽或开孔的尺寸和位置，地梁板防腐、防潮及基础锚固，顶梁板规格材层数、接头处理及在墙体转角和交接处的两层梁板的布置，墙体覆面板的等级、厚度、与墙体连接钉的间距，墙体与楼盖或基础连接件的规格和布置。

⑤楼盖拼合连接节点的形式和位置，楼盖洞口的布置和数量，洞口周围的连接、连接件的规格及布置。

⑥檩条、天棚搁栅或齿板屋架的定位、间距和支撑长度，屋盖周围洞口檩条与顶棚搁栅的布置和数量，洞口周围檩条与顶棚搁栅的连接、连接件规格与布置。

⑦预制梁柱的组件预制与安装偏差。

⑧预制轻型木结构墙体、楼盖、屋盖的制作与安装偏差。

⑨外墙接缝防水。

表 2-2 轻型木结构检验批质量验收记录

工程名称			子分部工程名称		木结构	验收部位	
施工单位			项目经理			专业工长	
施工执行标准名称及编号						施工班班长	
	检查项目	质量验收规范的规定		检查方法、数量		施工单位检查评定记录	监理（建设）单位验收记录
			质量要求				
主控项目	1	轻型木结构的承重墙（包括剪力墙）、柱、楼盖、屋盖的布置、抗倾覆措施及屋盖抗掀起措施等	符合设计文件的规定	实物与设计文件对照、检验批全数			
	2	进场规格材要求	有产品质量合格证书和产品标识	实物与证书对照、检验批全数			
	3	进场规格材的抗弯强度及等级	每批次进场规格材由有资质的专业分等人员做目测分等级见证检验或做抗弯强度见证检验；每批次进场规格材机械分等级规格材作抗弯强度	目测、文量检查、检验批中随机取样			
	4	规格材的树种、材质等级和规格，以及覆面板的种类和规格	符合设计文件的规定	实物与设计文件对照、检查交接报告、全数检查			
	5	规格材的平均含水率	不大于 20%	烘干法、电测法检验、每一检验批每一树种、每一规格等级规格材随机抽取 5 根			

GB 50206—2012

表 2-2（续1）

工程名称		子分部工程名称	木结构	验收部位
施工单位		项目经理		专业工长
施工执行标准名称及编号				施工班组长

	检查项目	质量验收规范的规定		施工单位检查评定记录	监理（建设）单位验收记录
		质量要求	检查方法、数量		
主控项目	6 木基结构板材	有产品质量合格证书和产品标识，用作楼面板、屋面板的木基结构板材有该批次木基结构板在荷载、均布荷载及冲击荷载检验的报告，其力学性能要符合要求。对进场木基结构板材做静曲强度和静曲弹性模量见证检验，所测得的平均值不低于产品说明书的规定	按现行国家标准《木结构覆板用胶合板》（GB/T 22349）的有关规定进行试验，检查产品质量合格证书、该批次木基结构板干态和湿态集中荷载、均布荷载及冲击荷载下的弹性模量静曲强度和弹性模量合格检验报告；每一检验批随机抽取3张板材；每一规格等级随机抽取3张板材		
	7 进场结构复合木材和工字形木搁栅	有产品质量合格证书，并有符合设计文件规定的平弯或侧立抗弯性能检验报告。进场工字形木搁栅和结构复合木材受弯构件，作复合木材复核标准构件的结构性能检验，在检验荷载组合作用下，构件不发生开裂等损伤现象，最大挠度不大于附表1的规定，应大于理论计算值的1.13倍	通过试验观察，取实测挠度的平均值与理论计算挠度比较，检查产品质量合格证书、结构复合木材料强度和弹性模量检验报告及规格性能检验报告；每一检验批随机抽取3根		

表 2-2（续 2）

工程名称			子分部工程名称	木结构	验收部位
施工单位			项目经理		专业工长
施工执行标准名称及编号					施工班组长
	检查项目	质量验收规范的规定 质量要求	检查方法、数量	施工单位检查评定记录	监理（建设）单位验收记录
主控项目	8 齿板桁架	由专业加工厂加工制作，并有产品质量合格证书	实物与产品质量合格证书对照检查；检验批全数		
	9 钢材、焊条、螺栓和圆钉	符合规范相关规定的要求	实物与产品质量合格证书对照检查，检查检测报告；检验批全数		
	10 金属连接件的质量	具有产品质量合格证书和材质合格保证；镀锌防锈层厚度不小于275 g/m²	实物与产品质量合格证书对照检查；检验批全数		
	11 金属连接件及钉连接	金属连接件的规格以及钉连接的用钉规格与数量符合设计文件的规定	目测、丈量；检验批全数		
	12 钉连接的质量	当采用构造设计时，各类构件间的钉连接不低于现范的要求	目测、丈量；检验批全数		
一般项目	1 承重墙的构造要求	符合设计文件的规定且不低于现行国家标准《木结构设计规范》（GB 50005）关于构造的规定	对照实物目测检查；检验批全数		
	2 楼盖构造要求	符合设计文件的规定，且不低于现行国家标准《木结构设计规范》（GB 50005）关于构造的规定	目测、丈量；检验批全数		

表 2-2（续 3）

工程名称		子分部工程名称	木结构	验收部位	
施工单位		项目经理		专业工长	
施工执行标准名称及编号				施工班组长	

	检查项目	质量验收规范的规定		施工单位检查评定记录	监理（建设）单位验收记录
		质量要求	检查方法、数量		
3	齿板桁架进场验收	符合规范的相关规定	目测、量器测量；检验批全数的 20%		
4	屋盖各构件的安装质量	符合设计文件的规定，且不低于现行国家标准《木结构设计规范》(GB 50005) 有关构造的规定	钢尺或卡尺量、目测；检验批全数		
一般项目 5 楼盖主梁、柱子及连接件	楼盖主梁 截面宽度/高度	±6 mm	钢板尺量	检验批全数	
	水平度	±1/200 mm	水平尺量		
	垂直度	±3 mm	直角尺和钢板尺量		
	间距	±6 mm	钢尺量		
	拼合梁 拼合梁的钉间距	+30 mm	钢尺量		
	拼合梁各构件的截面高度	±3 mm	钢尺量		
	柱子 支承长度	−6 mm	钢尺量		
	截面尺寸	±3 mm	钢尺量		
	拼合柱的钉间距	+30 mm	钢尺量		
	柱子长度	±3 mm	钢尺量		

表2-2（续4）

工程名称				子分部工程名称	木结构	验收部位	
施工单位				项目经理		专业工长	
施工执行标准名称及编号						施工班组长	
检查项目		质量验收规范的规定		施工单位检查	监理（建设）
		质量要求	检查方法、数量	评定记录	单位验收记录
一般项目 5	楼盖主梁、柱子及连接件	柱子	垂直度	±1/200 mm	钢尺量		
		连接件	连接件的间距	±6 mm	钢尺量		
			同一排列连接件之间的错位	±6 mm	钢尺量		
			构件上安装连接件开槽尺寸	连接件尺寸±3 mm	卡尺量		
			端距/边距	±6 mm	钢尺量		
			连接钢板的构件开槽尺寸	±6 mm	卡尺量		
	楼（屋）盖施工		搁栅间距	±40 mm	钢尺量		
			楼盖整体水平度	±1/250 mm	水平尺量		
			楼盖局部水平度	±1/150 mm	水平尺量		
			搁栅截面高度	±3 mm	钢尺量		
			搁栅支承长度	-6 mm	钢尺量		
			规定的钉间距	+30 mm	钢尺量		
			顶头嵌入楼、屋面板表面的最大深度	+3 mm	卡尺量		

检验批全数

表2-2（续5）

工程名称		子分部工程名称	木结构	验收部位	
施工单位		项目经理		专业工长	
施工执行标准名称及编号				施工班组长	
检查项目		质量验收规范的规定	检查方法、数量	施工单位检查评定记录	监理（建设）单位验收记录
		质量要求			

	检查项目	质量要求	检查方法、数量
一般项目 5	楼（屋）盖施工 · 楼屋盖齿板连接桁架	桁架间距 ±40 mm	钢尺量
		桁架垂直度 ±1/200 mm	直角尺和钢尺量
		齿板安装位置 ±6 mm	钢尺量
		弦杆、腹杆、支撑 ±19 mm	钢尺量
		桁架高度 ±13 mm	钢尺量
	墙体施工 · 墙骨柱	墙骨间距 ±40 mm	钢尺量
		墙体垂直度 ±1/200 mm	直角尺和钢尺量
		墙体水平度 ±1/150 mm	水平尺量
		墙体角度偏差 ±1/270 mm	直角尺和钢尺量
		墙骨长度 ±3 mm	钢尺量
		单根墙骨柱的出平面偏差 ±3 mm	钢尺量
	顶梁板、底梁板	顶梁板、底梁板的平直度 ±1/150 mm	水平尺量
		顶梁板作为弦杆传递荷载时的搭接长度 ±12 mm	钢尺量

（检查方法、数量：检验批全数）

表2-2（续6）

工程名称		子分部工程名称	木结构	验收部位	
施工单位		项目经理		专业工长	
施工执行标准名称及编号				施工班组长	

	检查项目	质量验收规范的规定		施工单位检查评定记录	监理（建设）单位验收记录
		质量要求	检查方法、数量		
一般项目	5 墙体施工 墙面板	规定的钉间距	±30 mm	钢尺量	
		钉头嵌入墙面板表面最大深度	±3 mm	卡尺量	
		木框架上墙面板之间的最大缝隙	±3 mm	卡尺量	检验批全数
	6 轻型木结构的保温措施和隔气层的设置	符合设计文件的规定	对照设计文件检查；检验批全数		

施工单位检查评定结果	项目专业质量检查员： 年 月 日
监理（建设）单位验收结论	监理工程师： （建设单位项目专业技术负责人） 年 月 日

2.6 装配式木结构建筑案例

1. 斯阔米什游客探险中心

斯阔米什游客探险中心（图 2-44）是一座占地 522 m² 的椭圆形建筑，环形玻璃幕墙高 8 m、长 107 m。木结构用了 1 000 多块独特形状的胶合木构件，木材是花旗松，取自当地可再生森林。实木锯材相较于其他类型建材能耗最低。当地采伐、加工和制作更降低了运输能耗。

图 2-44　斯阔米什游客探险中心——木结构建筑

斯阔米什游客探险中心顶部设计为弯曲的蝴蝶形屋顶。该蝴蝶形屋顶由 35 根不同的复合钢和木桁架组成，每个木桁架都有各自独特的几何形状。建筑物的围护结构透明化，玻璃幕墙直接安装到垂直的木结构柱子上，参观者可以欣赏到木结构复杂且精致的细节。

为了在有限的期限内构建如此复杂的精细结构，每个组件都由电脑进行三维建模处理，然后采用电脑数控，通过得到的数字化模型文件对木材进行加工制作。由于事先的周密规划和精密制造，现场装配仅使用了两台轮式起重机和四名工作人员，施工进度很快。木结构部分从设计到搭建仅仅用了 3 个月，整个项目历时仅为 8 个月。所有构件间组装接合得非常完美。

2. 列治文奥林匹克椭圆速滑馆

列治文奥林匹克椭圆速滑馆（图 2-45）是 2010 年冬季奥运会标志性建筑，采用了最先进的木结构技术。项目附近菲沙河波浪起伏的流水与栖息于河口的野生雀鸟激发了设计师的灵感，产生了"流动、飞翔、融合"的设计理念，这种精巧的混合形式——波浪元素与直线元素，就如城市与自然的融汇。

列治文奥林匹克椭圆速滑馆的最大特点是其举世无双的木结构屋顶，覆盖面积为 24 km²，约等于四个半足球场的面积。它采用复杂的钢木混合拱形结构，跨度约为 100 m，并带有一个空心三角形截面，从而隐藏了的机械、电气和管道设施。

图 2-45　列治文奥林匹克椭圆速滑馆

预制的"木浪"结构板横跨于间距约为 12.8 m 的曲梁之间。该"木浪"结构由普通的 2×4（38 mm×89 mm）SPF 规格材构成，通过几何设计使其兼顾了结构牢固和吸声效果，不仅经济合理，而且有非常强的艺术感染力。

3. UBC 大学学生公寓楼

位于温哥华的加拿大 UBC 大学学生公寓楼（图 2-46）是目前世界上最高的木结构建筑，高 53 m，共 18 层楼，一层为钢筋混凝土结构，二层以上为木结构。该项目占地面积 840 mm²，建筑面积 15 120 mm²，包括宿舍、教学和休闲娱乐区域。这是一幢木结构混合建筑，采用钢筋混凝土核心筒、胶合木柱和正交胶合木（CLT）楼板。其主要结构构件包括 464 块 CLT 楼板、1 298 根胶合木/平行木片胶合木（PSL）柱，木龙骨和轻钢龙骨外围护墙体全部由工厂预制，现场装配，如图 2-47 所示。该项目充分体现了预制装配式建筑的优势，协同建筑设计、工厂生产、施工装配、调试运行各环节，主体结构施工只用了 3 个月，现场工人只有 9 人。其直接建筑成本造价与普通钢筋混凝土建筑基本持平。

图 2-46　UBC 大学学生公寓楼　　　图 2-47　UBC 大学学生公寓楼施工过程图

4. 原木木结构建筑全过程施工案例

原木木结构建筑全过程施工如图 2-48 至图 2-74 所示。

图 2-48　原木建筑全景图

图 2-49　打混凝土地基

图 2-50　预埋原木叠墙的锚件，进行木墙的销连接尺寸测量

图 2-51　保证混凝土条形基础上表面光滑，预锚牢固

图 2-52　原木屋材料进仓

图 2-53　已经打好销接孔的方木，用来叠合建造原木屋的墙体

图 2-54　按照图纸进行装配

图 2-55　搭设原木屋施工脚手架，用吊车进行方木木构件吊装

图 2-56　原木墙体安装（一）

图 2-57　原木墙体安装（二）

图 2-58　铺设原木屋楼面搁栅（楼面梁）

图 2-59　从下部看楼面搁栅，注意两端的金属吊件

图 2-60 铺设木屋面

图 2-61 悬挑木屋盖的构件处理

图 2-62 铺贴外墙呼吸纸

图 2-63　铺设屋面瓦及外墙装饰面板

图 2-64　注意其木窗以及外墙开洞处的挂板铺设方法

图 2-65　在某些外墙处铺设保温材料

图 2-66　原木屋基本完工图

图 2-67　整个施工场地清场干净

图 2-68　原木屋正立面

图 2-69　原木屋室内安装导线盒和木门

图 2-70　原木屋外立面如此精致

图 2-71　正立面

图 2-72　室内楼梯局部的设计

图 2-73　原木屋室内一景

图 2-74　最后完工图

2.7 木结构使用与维护要求

2.7.1 一般规定

（1）装配式木结构建筑设计时需考虑使用期间检测和维护的便利性。

（2）装配式木结构建筑工程移交时需提供房屋使用说明书，除该项目基本情况和项目建设有关单位基本信息外，还需提供以下资料。

①建筑物使用注意事项；

②装修注意事项；

③给水、排水、电、燃气、热力、通信、消防等设施配置说明；

④设备、设施安装预留位置的说明和安装注意事项；

⑤承重墙、保温墙、防水层、阳台等部位注意事项；

⑥用户发现建筑使用问题反映、投诉的渠道；

⑦使用过程中不得随意变更建筑物用途、变更结构布局、拆除受力构件的要求等。

（3）在使用初期，需制订明确的装配式木结构建筑检查和维护制度。

（4）在使用过程中，应详细、准确记录检查和维修的情况，并建立检查和维修的技术档案。

（5）当发现装配式木构件有腐蚀或虫害的迹象时，需按腐蚀的程度、虫害的性质和损坏程度制订处理方案，并及时进行补强加固或更换。

2.7.2 检查要求

装配式木结构建筑工程竣工后使用1年时，需进行全面检查。此后按当地气候特点、建筑使用功能等，每隔3~5年检查一次。检查项目包括防水、受潮、排水、消防、虫害、腐蚀、结构组件损坏、构件连接松动、用户违规改用等。

2.7.3 维护要求

对于检查项目中不符合要求的内容，需组织实施一般维修，维修内容主要包括：修复异常连接件；修复受损木结构屋盖板并清理屋面排水系统；修复受损墙面、天花板；修复外墙围护结构渗水；更换或修复已损坏及已老化的零部件；处理和修复室内卫生间、厨房的渗漏水及受潮部位；更换异常消防设备。对一般维修无法修复的项目，需组织专业施工单位进行维修、加固和修复。

思考题

1. 什么是装配式木结构建筑？
2. 装配式木结构建筑有哪些优点？
3. 装配式木结构建筑一般使用要求是什么？
4. 装配式木结构连接设计的一般规定有哪些？

情景 3　装配式混凝土建筑

情景导读

近年来，装配式混凝土结构在我国得到快速发展。随着住宅建筑工业化水平的不断提高，预制外墙板、预制梁、预制楼梯等在建设工程中的应用越来越广泛。本情景将对装配式混凝土建筑的类型与适宜性、结构连接方式、设计与构件制作、施工和管理要点逐一梳理，以供参考。

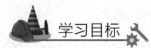
学习目标

(1) 掌握装配式混凝土结构连接方式、预制混凝土构件制作和装配式混凝土建筑施工；

(2) 熟悉装配式混凝土建筑设计与装配式混凝土建筑结构设计；

(3) 了解装配式混凝土建筑的类型与适宜性。

3.1　装配式混凝土建筑基本知识

按照装配式混凝土建筑国家标准的定义，装配式混凝土建筑是指建筑的结构系统由混凝土部件构成的装配式建筑。而装配式建筑又是结构、外围护、内装和设备管线系统的主要部品部件预制集成的建筑。因此，装配式混凝土建筑有两个主要特征：

(1) 构成建筑结构的构件是混凝土预制构件；

(2) 装配式混凝土建筑是 4 个系统（结构、外围护、内装和设备管线系统）的主要部品部件预制集成的建筑。

国际建筑界习惯把装配式混凝土建筑简称为 PC（Precast Concrete，预制混凝土）建筑。

3.1.1　装配式混凝土建筑的历史沿革

装配式混凝土建筑的历史可以从水泥的发明说起。1824 年，英国人约瑟夫·阿斯帕丁发明了水泥。43 年后的 1867 年，法国花匠约瑟夫·莫尼埃申请了钢筋混凝土专利。又过了 23 年，1890 年，法国开始出现钢筋混凝土建筑。

预制混凝土构件在建筑上的应用始于 1891 年。巴黎一家公司首次在建筑中使用了预制混凝土梁。1896 年，法国人建造了最早的装配式混凝土建筑——一座小门卫房。

进入 20 世纪，一些现代主义建筑大师意识到建筑工业化是大规模解决城市住宅问题的有效途径，开始主张和提倡装配式混凝土建筑。1910 年，现代建筑领军人物、20 世纪世界四大建筑大师之一的格罗皮乌斯提出：钢筋混凝土建筑应当预制化、工厂化。

由于两次世界大战的影响，20 世纪 50 年代之前，装配式混凝土建筑只停留在概念阶段。第二次世界大战结束后，装配式混凝土建筑大步登上建筑舞台，并开始逐渐成为重要角色。

20 世纪 50 年代，世界四大著名建筑大师之一的勒·柯布西耶设计了马赛公寓（图 3-1），采用了大量预制清水混凝土构件。简单粗放的马赛公寓在浪漫的法国不受欢迎，但这种风格的建筑在德国却受到欢迎。一方面，德国人本来就喜欢简单风格；另一方面，德国城市在战争中毁坏严重，重建规模大，装配式加上不装饰，可以降低建造成本。勒·柯布西耶还为印度规划设计了昌迪加尔城（图 3-2），也大量采用了预制构件。

图 3-1　马赛公寓

图 3-2　印度昌迪加尔城

20 世纪 50 年代末，格罗皮乌斯设计的纽约泛美大厦（图 3-3）是一座地标性高层建筑，建筑表皮的预制混凝土构件是露骨料的装饰一体化构件。虽然这座大厦的建筑风格遭到很多批评，但对装配式混凝土建筑的引领作用是非常大的。

贝聿铭是格罗皮乌斯的研究生，在建筑理念方面深受导师的影响，在装配式方面紧跟导师，是积极的践行者。在世界级建筑大师中，贝聿铭的装配式混凝土建筑作品是最多的，也是最成功的。他设计的费城社会岭公寓（图 3-4）于 1964 年建成，是美国最早的装配式混凝土高层住宅之一。

图 3-3　纽约泛美大厦

图 3-4　费城社会岭公营

装配式混凝土建筑的热潮在 20 世纪 50 年代末兴起。瑞典、丹麦、芬兰等北欧国家由政府主导建设"安居工程"，大量建造装配式混凝土建筑，主要是多层"板楼"。当时瑞典人口只有 800 万左右，每年建造安居住宅多达 20 万套，仅用 5 年时间就为一半国民解决了住房问题。北欧冬季漫长，气候寒冷，夜长昼短，一年中可施工时间较少，建造装配式混凝土建筑主要是为了缩短现场工期，提高建造效率，降低造价。冬季在工厂大量预制构件，到了可施工季节在现场安装，北欧的装配式混凝土建筑提高了效率，降低了成本，也提升了质量。其经验被欧洲其他国家借鉴，又传至美国、日本、东南亚……目前，装配式混凝土建筑已经成为许多发达国家重要的建筑方式，在新建混凝土建筑中占有一定比例，比例高的达到 60%，比例低的也有 15%。

预制装配化是建筑工业化的重要部分。早期，每个工地都要建一个小型混凝土搅拌站；后来商品混凝土搅拌站形成了网络，取代了工地搅拌站；再进一步，预制构件厂将会形成网络，从而部分取代商品混凝土。

3.1.2　装配式混凝土建筑的类型与适宜性

1. 建筑功能及其适宜性

就建筑功能而言，装配式混凝土建筑适用范围很广，包括住宅、学校、酒店、写字楼、商业建筑、医院、大型公共建筑、车库、多层仓库、标准厂房等。如果建筑体量大，非标准厂房也可采用装配式。

2. 建筑高度及其适宜性

高层和超高层混凝土建筑比较适宜做装配式，因为模具周转次数多。世界上最高的装配式混凝土住宅高达 208 m。

低层和多层混凝土建筑如果采用标准化构件，或项目的规模较大，也适宜做装配式。

3. 建筑风格的适宜性

装配式混凝土建筑非常适宜简洁的建筑风格。对普通建筑而言，个性化突出、复杂多变、重复元素少、规模又不大的建筑不适宜做装配式，或者说做装配式不合算；但对于造型复杂的"非普通建筑"，类似悉尼歌剧院那样的标志性建筑，装配式比现浇有无可替代的优势。

著名建筑师伯纳德·屈米设计的辛辛那提大学体育馆中心（图 3-5）的建筑表皮是预制钢筋混凝土镂空曲面板，如果现浇是非常困难的，很难脱模，造价也会非常高，但采用预制装配式就容易了许多，成本大大降低，还缩短了工期。

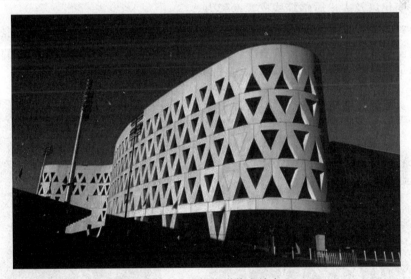

图 3-5　辛辛那提大学体育馆中心

美国著名建筑组合墨非西斯设计的达拉斯佩罗自然博物馆（图 3-6）的建筑表皮是渐变的地质纹理，由预制墙板组成。这种复杂质感如果采用现场浇筑，会比工厂预制困难很多。虽然预制渐变的地质纹理构件模具周转次数很少，甚至一块一模，但现浇同样模具周转次数少或需要一块一模。采用预制方式，模具是平躺着的，可以用聚苯乙烯、石膏等便宜的一次性材料制作模具；而现场浇筑模具是立着的，必须用诸如玻璃钢一类的高强度材料制作模具，还要先制作模型再翻制模具，成本更高。如此看来，对于复杂质感的建筑，装配式也非常有优势。

装配式建筑概论

图 3-6　达拉斯佩罗自然博物馆

　　装配式建筑往往靠别具匠心的精致、恰到好处的比例、横竖线条排列组合变化、虚实对比变化以及表皮质感等构成艺术张力。

　　图 3-7 是日本鹿岛公司的一座办公楼，是装配式混凝土框架结构，清水混凝土梁柱与大玻璃窗构成简洁明快的建筑表皮。图 3-8 是日本东京芝浦一座 159 m 高的超高层装配式混凝土住宅，采用凹入式阳台，砖红色表皮显得颇为厚重。

图 3-7　梁柱与玻璃组成简洁明快的立面　　　**图 3-8　凹入式阳台的外立面显得非常简洁**

　　著名建筑师山崎实设计的美国普林斯顿大学罗宾逊楼（图 3-9）是非常有特色的现代建筑，楼四周是柱廊，既简洁又有风韵的现代风格预制柱是变截面的，柱子与柱头连体用白色装饰混凝土制作而成。这类构件采用预制方式，模具可以反复使用，比现浇成本低。

图 3-9　普林斯顿大学罗宾逊楼

图 3-10 是我国建筑师马岩松设计的哈尔滨大剧院局部清水混凝土外挂墙板。这些外墙板有曲面的，也有双曲面的，曲率不一样。在工厂预制作时，先将参数化设计信息输入数控机床，在聚苯乙烯板上刻出精确的曲面板模具；再在模具表面抹浆料刮平磨光；最后浇筑制作出曲面板。

图 3-10　哈尔滨大剧院曲面板

4. 装配方式及其适宜性

装配式混凝土建筑分为装配整体式混凝土结构和全装配式混凝土结构两种类型。

（1）装配整体式混凝土结构

装配整体式混凝土结构是预制混凝土构件通过可靠方式进行连接并与现场后浇混凝土、水泥基灌浆料形成整体的装配式结构，以"湿连接"为主要方式。

装配整体式混凝土结构具有较好的整体性和抗震性。目前大部分多层和全部高层装配式混凝土建筑均采用装配整体式。

（2）全装配式混凝土结构

全装配式混凝土结构是指预制混凝土构件靠干法连接（螺栓连接或焊接）形成的装配式建筑。

全装配式混凝土建筑整体性和抗侧向作用的能力较差，不适于高层建筑。但它具有构件制作简单、安装便利、工期短且成本低等优点。国外许多低层和多层建筑采用全装配式混凝土结构。

5. 结构体系及其适宜性

任何结构体系的钢筋混凝土建筑的框架结构、框架-剪力墙结构、简体结构、剪力墙结构、无梁板结构、预制钢筋混凝土柱单层厂房结构、薄壳结构、悬索结构等，都可以做装配式。但有的结构体系更适宜一些，有的结构体系则勉强一些；有的结构体系技术与经验已经成熟，有的结构体系则正在探索之中。

（1）柱梁结构体系

以柱、梁为主要构件的结构体系包括框架结构、框剪结构和各种简体结构，如图 3-11 所示。

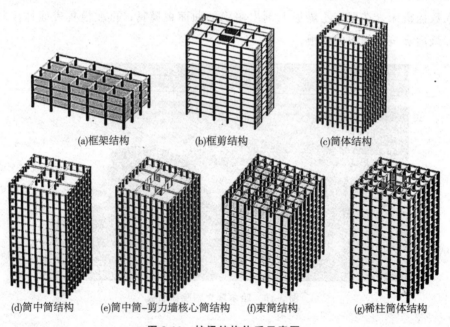

(a)框架结构　　　　(b)框剪结构　　　　(c)简体结构

(d)简中简结构　　(e)简中简-剪力墙核心简结构　　(f)束简结构　　　(g)稀柱简体结构

图 3-11　柱梁结构体系示意图

柱梁结构体系有如下优点。

①柱梁结构体系是世界各国装配式混凝土建筑中应用最久、最多的结构体系，经验成熟。

②柱梁结构体系主要结构构件连接界面较小，连接钢筋数量少，灌浆料也用得少，连接成本增量要小一些。

③可通过采用高强度等级和大直径钢筋的方法，减少钢筋根数，从而减少套筒连接件数量，简化施工，降低成本。

④结构传递侧向力对楼盖、屋盖依赖度低，楼盖、屋盖预制楼板连接较为简单。

⑤外墙围护系统选择范围宽，建筑师受到的约束较少。

⑥施工便利，现场作业量少。

柱梁结构体系缺点有：柱和梁目前尚无法用自动化生产工艺制作，各国都采用固定模台生产方式；预制外挂墙板也很少用自动化生产工艺。柱梁结构体系距离自动化的目标比较远。

（2）剪力墙结构

剪力墙结构是由剪力墙组成的承受竖向和水平作用的结构，如图 3-12 所示。在剪力墙结构中，楼盖和屋盖传递侧向力的作用较大。中国近年来剪力墙结构在装配式建筑特别是高层建筑中应用较多，积累了许多经验，也暴露了一些问题。

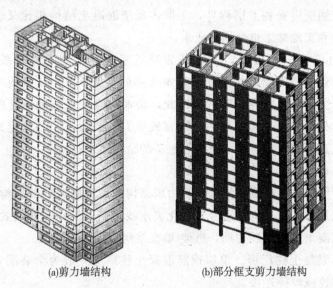

(a)剪力墙结构　　　　　(b)部分框支剪力墙结构

图 3-12　剪力墙结构示意图

剪力墙结构有如下优点。

①构件在工厂制作，比现场浇筑易控制质量。

②外墙板可以实现保温装饰一体化，提高防火性能，还可以简化外围护系统施工作业。

③如果采用石材、面砖反打或装饰混凝土面层，可以节省干挂石材龙骨和面砖粘贴费用，装饰面材与墙体连接牢固。

④结构可以拆分，以板式构件为主，有利于实现自动化制作（目前剪力墙板配筋复杂，出筋较多，尚无法实现自动化生产）。

剪力墙结构有如下缺点。

①相关国家标准规定，其最大适用高度比现浇剪力墙结构低 10～20 m，最多低 30 m。

②剪力墙板竖向连接面积大，钢筋连接点多，局部加强钢筋增加较多，灌浆料用量多，连接作业量大，增加成本较多。

③剪力墙板横向连接面积大，伸出的环形钢筋使制作、安装比较麻烦，费时、费工。

④后浇混凝土部位多、零碎，虽然减少了现浇混凝土量，但不省工、不省时；作业环节增加，且比较麻烦。

⑤由于对楼盖传递水平作用的依赖度高，国家标准规定叠合楼板（常用的大多数叠合楼板）现浇层厚度小于 100 mm 时，预制部分出筋须伸入支座。因此，工厂制作环节无法实现自动化，手工作业也非常麻烦，耗费工时多。

⑥相关国家标准规定，上下剪力墙之间须设置水平现浇带。通常在混凝土浇筑后的第二天，强度还很低时，就开始安装上一层墙板，这存在结构安全隐患；而如果等现浇带达到一定强度再安装上层构件，工期占现浇混凝土结构相比又会成倍增加，各种施工机械租金和工地窝工也会增加成本。

⑦预制剪力墙板三边出筋，一边是套筒或浆锚孔，上了流水线也无法实现自动化。以上问题致使剪力墙结构装配式建筑效率低，工期长，结构成本增加较多。这些问题大多是剪力墙结构特性带来的。因此，房地产决策人员和设计单位在进行装配式建筑设计时首先应解构"高层住宅只适宜做剪力墙结构"的心理定式，通过综合的定量分析对比，选择安全、可靠、合理、经济的结构体系。

（3）其他结构

①多层墙板结构。多层墙板结构、剪力墙结构的简化版或框架结构的改造版将柱、梁与墙板一体化制作。板式构件适合自动化流水线生产，制作与安装效率高，成本低。大规模装配式混凝土建筑发展初期，框架-墙板结构应用得比较多。

②单层钢筋混凝土柱厂房。单层钢筋混凝土柱厂房一般为全装配式，柱、梁、屋架或屋面梁用螺栓或焊接连接。

③多层无梁板结构。多层无梁板结构适宜做装配式，预制柱一般为多层通长制作，楼盖和屋盖为叠合板。

④空间薄壁结构。空间薄壁结构可采用装配式，或用叠合方式形成整体，或用后浇混凝土带连成整体。

⑤悬索结构。悬索结构多用于大型公共建筑，一般在悬索上铺设预应力混凝土屋面板。

3.2　装配式混凝土结构连接方式

3.2.1　连接方式与适用范围

连接技术是装配式混凝土建筑的核心技术，是结构安全最基本的保障。图 3-13 为装配式混凝土结构连接方式一览，表 3-1 为装配式结构连接方式及适用范围表。

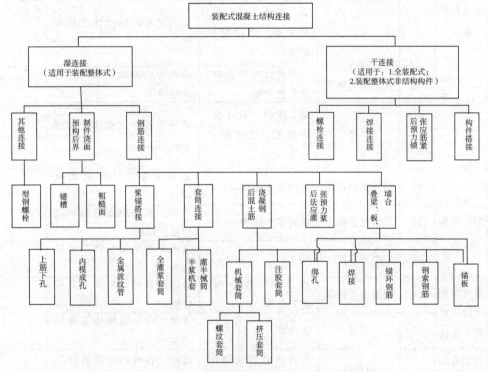

图 3-13　装配式混凝土结构连接方式一览

表 3-1　装配式结构连接方式及适用范围表

类别		序号	连接方式	可连接的构件	适用范围	备注
湿连接	灌浆	1	套筒连接	柱、墙	适用于各种结构体系高层建筑	日本最新技术也用于梁
		2	浆锚搭接	柱、墙	房屋高度小于三层或 12m 的框架结构，二、三级抗震的剪力墙	
		3	金属波纹管	柱、墙		

表 3-1（续）

类别		序号	连接方式	可连接的构件	适用范围	备注
湿连接	后浇筑混凝土钢筋连接	4	螺纹套筒	梁、楼板	适用于各种结构体系高层建筑	
		5	挤压套筒	梁、楼板	适用于各种结构体系高层建筑	
		6	注胶套筒	梁、楼板	适用于各种结构体系高层建筑	
		7	环形钢筋	墙板水平连接	适用于各种结构体系高层建筑	
		8	绑扎	梁、楼板、阳台板、挑檐板、楼梯板固定端	适用于各种结构体系高层建筑	
		9	直钢筋无绑扎	双面叠合板剪力墙、圆孔剪力墙	适用于剪力墙体结构体系高层建筑	
		10	焊接	梁、楼板、阳台板、挑檐板、楼梯板固定端	适用于各种结构体系高层建筑	
	后浇筑混凝土其他连接	11	锚环钢筋连接	墙板水平连接	适用于多层装配式墙板结构	
		12	钢索连接	墙板水平连接	适用于多层框架结构和低层板式结构	
		13	型钢螺栓	柱	适用于框架结构体系高层建筑	
	叠合构件后浇筑混凝土连接	14	钢筋折弯锚固	叠合梁、叠合板、叠阳台等	适用于各种结构体系高层建筑	
		15	锚板	叠合梁	适用于各种结构体系高层建筑	
	预制混凝土与后浇混凝土连接截面	16	粗糙面	各种接触后浇筑混凝土的预制构件	适用于各种结构体系高层建筑	
		17	链槽	柱、梁等	适用于各种结构体系高层建筑	
干连接		18	螺栓连接	楼梯、墙板、梁、柱	楼梯适用于各种结构体系高层建筑；主体结构构件适用于框架结构或组装墙板结构低层建筑	
		19	构件焊接	楼梯、墙板、梁、柱	楼梯适用于各种结构体系高层建筑；主体结构构件适用于框架结构或组装墙板结构低层建筑	

3.2.2 湿连接

湿连接是装配整体式混凝土结构的主要连接方式，包括钢筋套筒灌浆连接、浆锚搭接、后浇混凝土连接、叠合层连接、粗糙面与键槽等。

1. 钢筋套筒灌浆连接

钢筋套筒灌浆连接的工作原理是：将需要连接的带筋钢筋插入金属套筒进行"对接"，在套筒内注入高强早强且有微膨胀特性的灌浆料，灌浆料凝固后在套筒筒壁与钢筋之间形成较大压力，在钢筋带筋的粗糙表面产生摩擦力，由此传递钢筋的轴向力。

套筒分为全灌浆套筒和半灌浆套筒。全灌浆套筒是接头两端均采用灌浆方式连接钢筋的套筒；半灌浆套筒是一端采用灌浆方式连接、另一端采用螺纹连接的套筒。套筒灌浆连接示意图如图 3-14 所示。

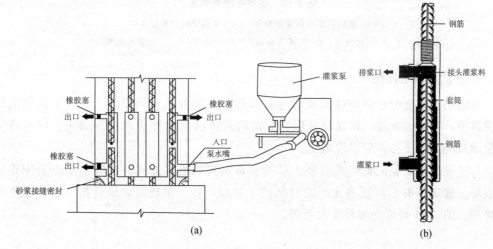

图 3-14 套筒灌浆连接示意图

（a）灌浆套筒示意图（全灌浆套筒）；（b）半灌浆套筒

钢筋套筒灌浆连接是装配式混凝土建筑竖向构件连接应用最广泛、最可靠的连接方式。钢筋套筒灌浆连接可用于各种结构最大适用高度的建筑。

2. 浆锚搭接连接

浆锚搭接的工作原理是：将需要连接的钢筋插入预制构件预留孔内，在孔内灌浆锚固该钢筋，使之与孔旁的钢筋形成"搭接"。两根搭接的钢筋被螺旋钢筋或箍筋约束。

浆锚搭接连接按照成孔方式可分为金属波纹管浆锚搭接和螺旋内模成孔浆锚搭接。前者通过埋设金属波纹管形成插入钢筋的孔道；后者在混凝土中埋设螺旋内模，混凝土达到强度后将内模旋出，形成孔道。浆锚搭接示意图如图 3-15 所示。

装配式混凝土建筑相关国家标准和行业标准规定，浆锚搭接可用于框架结构 3 层（不超过 12 m）以下；对剪力墙结构没有明确限制，只是规定若边缘构件全部采用浆锚搭接，则建筑最大适用高度比现浇建筑降低 30 m。

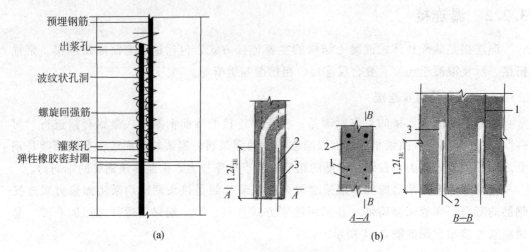

图 3-15 浆锚搭接示意图

（a）螺旋内模成孔浆锚搭接；（b）金属波纹管浆锚搭接

1——搭接钢筋；2——插入金属波纹管的钢筋；3——金属波纹管

3. 后浇混凝土连接

后浇混凝土是指预制构件安装后与相邻构件连接处的现浇混凝土。在装配式混凝土建筑中，基础、首层、裙楼和顶层等部位的现浇混凝土称作现浇混凝土；构件连接部位的现浇混凝土称作后浇混凝土。

后浇混凝土是装配整体式混凝土结构非常重要的连接方式。世界上所有装配整体式混凝土建筑都有后浇混凝土。它包括柱子连接，柱、梁连接，梁连接，剪力墙横向连接等。图 3-16 是后浇混凝土示意图。

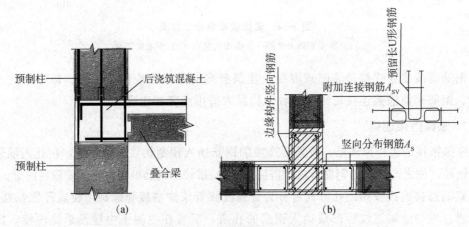

图 3-16 后浇混凝土示意图

（a）剪力墙竖向连接后浇混凝土；（b）剪力墙横向连接后浇混凝土

钢筋连接是后浇混凝土连接节点最重要的环节。后浇区钢筋连接方式包括机械套筒连接、注胶套筒连接、锚环钢筋连接、钢索钢筋连接以及绑扎、焊接、锚板连接等。

（1）机械套筒连接

机械套筒连接是指用机械方法（"螺纹法"或"挤压法"）将两个构件伸出的纵向受力钢筋连接在一起。机械套筒连接示意图如图 3-17 所示。

图 3-17 机械套筒连接示意图

（2）注胶套筒连接

注胶套筒与灌浆套筒原理相似，通过向套筒内注胶形成钢筋连接，在日本普遍用于梁的受力钢筋连接，其构造原理如图 3-18 所示。

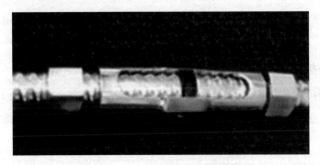

图 3-18 注胶套筒连接钢筋原理

（3）锚环钢筋连接

锚环钢筋连接用于墙板之间的连接。相邻的预制墙板伸出的锚环叠合，钢筋插入锚中，再浇筑混凝土使之形成一体。锚环钢筋连接原理如图 3-19 所示。

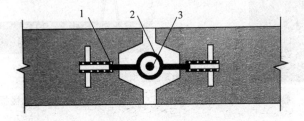

图 3-19 锚环钢筋连接原理

1——预埋件；2——锚环；3——插筋

（4）钢索钢筋连接

钢索钢筋连接（图 3-20）是锚环钢筋连接的改造版，用钢索替换了锚环。预埋伸出钢索比伸出锚环更方便，适用于构件自动化生产线，现场安装简单。

图 3-20 钢案钢筋连接

钢筋绑扎连接、焊接连接和锚板连接都是现浇混凝土建筑的常用做法，这里不予赘述。

4. 叠合层连接

叠合构件是由预制层和现浇层组成的构件，包括叠合梁（图 3-21）、叠合楼板（图 3-22）、叠合阳台板等。叠合层现浇混凝土也属于后浇混凝土，是形成结构整体性的重要连接方式。

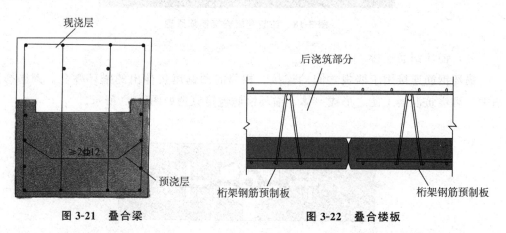

图 3-21 叠合梁　　　　　　　　　　图 3-22 叠合楼板

5. 粗糙面与键槽

预制混凝土构件与后浇混凝土、灌浆料、坐浆材料的接触面须做成粗糙面或键槽，以提高其抗剪能力。

（1）粗糙面

对于制作时的抹压面（如叠合板、叠合梁表面），可在混凝土初凝前"拉毛"形成粗糙面，如图 3-23 所示。对于模具面（如梁端、柱端表面），可在模具上涂刷缓凝剂，拆模后用水冲洗未凝固的水泥浆，露出骨料，形成粗糙面。

（2）键槽

键槽是靠模具凸凹成型的，如图 3-23 所示。

图 3-23　拉毛形成粗糙面及混凝土柱底键槽

3.2.3　干连接

干连接顾名思义就是不用混凝土、灌浆料等湿材料连接，而是像钢结构一样，用螺栓焊接方式连接。全装配式混凝土结构采用干连接方式，装配整体式混凝土建筑的一些非结构构件（如外挂墙板、ALC 板、楼梯板等）也常采用干连接方式。

1. 螺栓连接

螺栓连接是指用螺栓和预埋件将预制构件与预制构件或预制构件与主体结构进行连接。

在全装配式混凝土结构中，螺栓连接用于主体结构构件的连接。在装配整体式混凝土结构中，螺栓连接常用于外挂墙板（图 3-24）、楼梯（图 3-25）和低层房屋等非主体结构构件的连接。

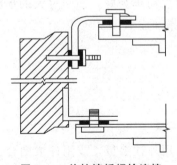
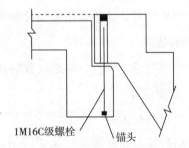

1M16C级螺栓　　锚头

图 3-24　外挂墙板螺栓连接　　　图 3-25　楼梯螺栓连接

2. 焊接连接

焊接连接是指在预制混凝土构件中预埋钢板，构件之间如钢结构一样用焊接方式连接。与螺栓连接一样，焊接方式在装配整体式混凝土结构中仅用于非结构构件连接；在全装配式结构中可用于结构构件连接。

3. 搭接

搭接是指将梁搭在柱帽上，或将楼板搭在梁上，用于全装配式混凝土结构。在搭接节点处可设置限位销。

3.3 装配式混凝土建筑设计

3.3.1 装配式混凝土建筑设计内容

1. 确定建筑风格

在确定建筑风格、造型和质感时应分析判断装配式的影响，以及实现的便利性与经济性。

2. 选择结构体系

应综合技术经济分析，与结构工程师共同选择适宜的结构体系。

3. 建筑高度

在确定建筑高度时应考虑装配式的影响。按照现行相关国家标准规定，框架结构、框剪结构装配式建筑最大适用高度与现浇混凝土建筑一样。

4. 平面布置

相关国家标准关于装配式混凝土结构平面形状的规定与现浇混凝土结构一样。从抗震和成本两个方面考虑，装配式建筑平面形状以简单为好，凹凸过大的形状对抗震不利；平面形状复杂的建筑预制构件种类多，会增加成本。

5. 模数协调

设计中应先设定模数，确定模数协调原则。

6. 外立面设计

（1）柱梁结构体系

柱梁结构体系外立面设计比较灵活，可以采用外挂墙板，或用柱梁围合窗户组成立面，或在悬挑楼板上安装预制腰板或预制外挂墙板（图3-26），形成横向线条立面；还可以采用 GRC 板、超高性能混凝土墙板等；低层、多层框架结构外墙还可以采用 ALC 板等轻质墙板。

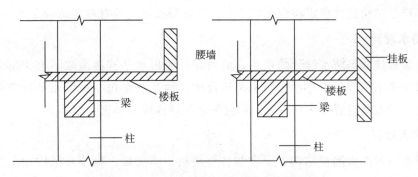

图 3-26　安装在楼板上的腰板或外挂墙板

当采用柱梁围合窗户方式时，可以将柱梁做成带翼缘的断面，以减小窗洞面积。梁向上伸出的翼缘叫作腰墙，向下伸出的翼缘叫作垂墙，柱子向两侧伸出的翼缘叫作袖墙，如图 3-27 所示。

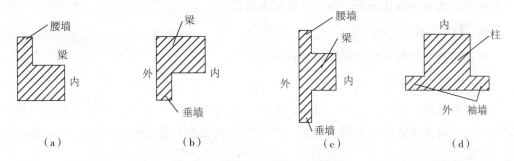

图 3-27　带翼缘的预制柱、梁断面

（a）上翼缘梁；（b）下翼缘梁；（c）双翼缘梁；（d）翼缘柱

（2）剪力墙结构

剪力墙结构外墙多是结构墙体，建筑师可灵活发挥的空间远不如柱梁体系那么大。剪力墙结构预制外墙板可做成建筑、结构、围护、保温、装饰一体化墙板，即夹心保温板。建筑师可在外叶板表面做文章，如设计凸凹不大的造型、质感、颜色和分格缝等。

7. 外墙拆分

装配式混凝土建筑拆分应当由结构设计师主导，但外立面拆分应当以建筑师为主，须考虑以下因素。

（1）建筑功能的需要，如围护、保温和采光功能等。

（2）建筑艺术的审美要求。

（3）建筑、结构、保温和装饰一体化。

（4）对外墙或外围柱与梁后浇筑区域的表皮处理。

（5）构件规格尽可能少。

（6）整间墙板尺寸或重量超过制作、运输和安装条件许可时的应对办法。

（7）符合结构设计规定和合理性要求，外挂墙板等构件有对应结构支座等。

8. 防水设计

外挂墙板接缝是防水设计的重点，剪力墙外墙板水平接缝灌浆不密实也会出现渗漏。防水应采用构造防水与密封防水两道设防。构造防水包括板的水平接缝采用高低缝或企缝，竖直缝设置排水空腔等；密封防水包括橡胶条和密封胶等。

9. 防火设计

预制外墙板作为围护结构，应在与各层楼板、防火墙、隔墙和梁柱相交部位设置防火封堵措施。

10. 管线分离、同层排水与层高设计

相关国家标准要求装配式混凝土建筑宜实行管线分离与同层排水，这样就需要天棚吊顶地面架空。为了保证净高，需增加建筑层高。由于涉及市场定位和造价，建筑师可做出方案和性价比分析，向开发商提出建议。

11. 内墙设计

应选用符合装配式要求的墙体材料等。

12. 构造节点设计

应根据门窗、装饰、厨卫、设备、电源、通讯、避雷、管线、防火等专业或环节的要求进行建筑构造设计和节点设计，将各专业对建筑构造的要求汇总，与预制构件设计对接。

13. 集成化部品

设计或选用集成化部品，如采用整体收纳、集成式卫生间和集成式厨房等。

3.3.2 装配式混凝土建筑设计原则

1. 同步原则

装配式设计应当与建筑设计同步，在设计前期就应开始。

2. 效益与效能原则

不应被动地为实现预制率与装配率而设计，而应以实现功能、效率和效益为主导。设计应避免为装配式而装配式，勉强凑预制率。这样会削弱建筑功能，降低效率，提升成本。

3. 协同设计原则

装配式混凝土建筑设计需要各专业（包括装修专业）密切配合与衔接，进行协同设计。设计人员还应与部品部件制作工厂和施工企业技术人员进行互动，了解制作和施工环节对设计的要求及约束条件。装配式建筑对遗漏和错误不"宽容"，埋设在预制构件中的管线、套筒和预埋件等如果有遗漏或位置错误，很难补救。开槽打孔会影响

结构安全；重新制作构件会造成重大损失，影响工期。

现浇混凝土建筑一般在全部设计完成后才确定施工单位；而装配式建筑在设计初期就必须与构件制作工厂和施工企业协同合作。

4. 集成化原则

装配式建筑设计应致力于一体化和集成化，如建筑、结构、装饰一体化，建筑、结构、保温、装饰一体化，集成式厨房，集成式卫浴，各专业管路集成化，等等。

5. 精细化原则

装配式建筑设计必须精细。设计精细是构件制作、安装正确和保证质量的前提，同时也是避免失误和损失的前提。

6. 模数化和标准化原则

装配式混凝土建筑设计应实行模数协调和标准化，这样才能实现部品部件的工业化生产，降低成本。

7. 全装修、管线分离和同层排水原则

相关国家标准要求装配式混凝土建筑应实行全装修，需实行管线分离和同层排水。这些要求提升了建筑标准，也提高了建造成本。

8. 一张（组）图原则

装配式混凝土建筑与当前工程图的表达习惯有很大不同，还多了构件制作图环节。构件制作图应表达所有专业和所有环节对构件的要求，外形、尺寸、配筋、结构连接、各专业预埋件、预埋物和孔洞、制作施工环节的预埋件等都应清楚地表达在一张或一组图上，不用制作和施工技术人员自己去查找各专业图纸，或去标准图集中找大样图。一张（组）图原则主要是为了避免或减少出错、遗漏和各专业设计间的"撞车"现象。

3.4　装配式混凝土建筑结构设计

装配式混凝土建筑结构设计的基本原理是等同原理，就是通过采用可靠的连接技术和必要的结构与构造措施，使装配整体式混凝土结构与现浇混凝土结构的效能基本等同。

实现等同效能，结构构件的连接方式是最重要、最根本的。装配式混凝土建筑结构必须对相关结构和构造做一些加强或调整，应用条件也会比现浇混凝土结构限制得更严。

等同原理不是一个严谨的科学原理，而是一个技术目标。等同原理不是做法等同，而是强调效果和实现的目的等同。

3.4.1　结构设计主要内容

装配式混凝土建筑结构设计主要包括以下内容。

（1）选择、确定结构体系。对多方案技术经济进行比较与分析，对使用功能、成本、装配式及适宜性进行全面分析。

（2）进行结构概念设计。依据结构原理和装配式结构的特点，对结构整体性、结构安全与抗震设计等有关的重点问题进行概念设计。

（3）确定结构拆分界面。包括确定预制范围、确定结构构件拆分界面的位置、进行接缝抗剪计算等。

（4）作用计算与系数调整。对因装配式而变化的作用进行分析与计算；按照规范要求调整剪力墙结构需加大现浇剪力墙部分的内力系数。

（5）确定连接方式，进行连接节点设计。选定连接材料，给出连接方式，试验验证的要求，对后浇混凝土连接节点进行设计。

（6）预制构件设计。对预制构件的承载力和变形进行验算（包括在脱模、翻转、吊运、存放、运输、安装和安装后临时支撑时的承载力和变形验算），给出各种工况的吊点、支承点的设计；设计预制构件形状尺寸图、配筋图；进行预制构件结构设计，将建筑、装饰、水暖电等专业需要在预制构件中埋设的管线、预埋件、预埋物、预留沟槽，连接需要的粗糙面和键槽要求，制作、施工环节需要的预埋件等，都无一遗漏地汇集到构件制作图中；给出构件制作、存放、运输和安装后临时支撑的要求，包括临时支撑拆除条件的设定。

（7）夹心保温板结构设计。选择夹心保温构件拉结方式和拉结件；进行拉结节点布置、外叶板结构设计和拉结件结构计算；明确给出拉结件的物理力学性能要求与耐久性要求；明确给出试验验证的要求。

3.4.2　结构概念设计

概念设计是指根据结构原理与逻辑及其设计经验进行定性分析和设计决策的过程。装配式混凝土建筑结构设计应进行结构概念设计，主要包括以下内容。

1. 整体性设计

对装配式混凝土结构中不规则的特殊楼层及特殊部位，需从概念上加强其整体性。例如，平面凹凸及楼板不连续形成的弱连接部位、层间受剪承载力突变造成的薄弱层、侧向刚度不规则的软弱层、挑空空间形成的穿层柱等部位和构件，不宜采用预制。

2. 强柱弱梁设计

"强柱弱梁"是为了保证框架柱不先于框架梁破坏，因为框架梁破坏是局部性构件破坏，而框架柱破坏将危及整个结构安全。设计要保证竖向承载构件"相对"更安全。

装配式结构有时为满足预制装配和连接的需要无意中会带来对"强柱弱梁"的不利因素（如叠合楼板实际断面增加或实配钢筋增多的影响、梁端实配钢筋增加的影响等），须引起重视。

3. 强剪弱弯设计

预制梁、预制柱、预制剪力墙等结构构件设计都应以实现"强剪弱弯"为目标。比如，将附加筋加在梁顶现浇叠合区内，会导致框架梁受弯承载力的增强，可能改变原设计的弯剪关系。

"弯曲破坏"是延性破坏，有显性预兆特征（开裂或下挠变形过大等）；而"剪切破坏"是脆性破坏，没有预兆，是瞬时发生的。结构设计要避免先发生剪切破坏。

4. 强节点弱构件设计

"强节点弱构件"就是要保证梁柱节点核心区不能先于构件出现破坏。由于大量梁柱纵筋在后浇节点区内连接、锚固、穿过，钢筋交错密集，因此设计时应考虑采用合适的梁柱截面，留有足够的梁柱节点空间满足构造要求，确保核心区箍筋设置到位、混凝土浇筑密实。

5. 强接缝结合面弱斜截面受剪设计

装配式结构的预制构件接缝在地震设计工况下要实现强连接，保证接缝结合面不先于斜截面发生破坏，即接缝结合面受剪承载力应大于相应的斜截面受剪承载力。由于后浇混凝土、灌浆料或坐浆料与预制构件结合面的黏结抗剪强度往往低于预制构件本身混凝土的抗剪强度，因此实际设计中需要附加结合面抗剪钢筋或抗剪钢板。

6. 连接节点避开塑性铰

梁端、柱端是塑性铰容易出现的部位，为避免该部位的各类钢筋接头干扰或削弱钢筋在该部位所应具有的较大的屈服后伸长率，钢筋连接接头宜尽量避开梁端与柱端箍筋加密区。对于装配式柱梁体系来说，套筒连接节点也应避开塑性铰位置。装配式行业标准规定装配式框架结构一层宜现浇，顶层楼盖现浇，已经避免了柱塑性铰位置有连接节点。为了避开梁端塑性铰位置，梁的连接节点不应设在梁端塑性铰范围内，如图 3-28 所示。

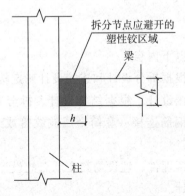

图 3-28　结构梁连接点避开塑性铰位置

7. 减少非承重墙体刚度影响

非承重外围护墙与内隔墙的刚度对结构整体刚度、地震力分配、相邻构件的破坏模式等都有影响，影响大小与围护墙及隔墙数量、刚度以及与主体结构连接方式直接相关。这些非承重构件应避免采用刚度大的墙体。外围护墙体采用外挂墙板时，与主体结构应采用柔性连接方式。

8. 使用高强材料

柱梁体系结构优先采用高强混凝土与高强钢筋，这样可以减少钢筋数量和连接接头，避免钢筋配置过密、套筒间距过小而影响混凝土浇筑质量。使用高强材料可以方便施工，对提高结构耐久性、延长结构寿命非常有利。

3.4.3 拆分设计

1. 拆分设计原则

拆分设计主要有以下几个原则。

（1）应考虑结构的合理性。

（2）接缝选在应力较小的部位。

（3）高层建筑柱梁结构体系套筒连接节点应避开塑性铰位置。

（4）尽可能统一和减少构件规格。

（5）相邻、相关构件拆分需协调一致，如叠合板拆分与支座梁拆分需协调一致。

（6）符合制作、运输、安装环节约束条件。

（7）遵循经济性原则，进行多方案比较，给出经济上可行的拆分设计。

2. 拆分设计内容

拆分设计主要有以下内容。

（1）确定拆分界线。

（2）设计连接节点。

（3）设计预制构件。

3.4.4 预制构件设计

预制构件设计主要包括以下内容。

（1）构件模板图设计：根据拆分设计和连接设计确定构件形状与详细尺寸。

（2）伸出钢筋与钢筋连接设计：根据结构设计、拆分布置和连接节点设计，对构件的钢筋布置、伸出钢筋、钢筋连接（套筒金属波纹管或浆锚孔）和连接部位加强箍筋构造等进行设计。

（3）安装节点、吊点、预埋件、埋设物和支承点的设计。

（4）键槽面、粗糙面设计。

（5）各专业设计汇集：将建筑、结构、装饰、水电暖、设备等专业以及制作、堆放运输、安装等环节对预制构件的全部要求在构件制作图上无遗漏地表示出来。

（6）敞口构件运输临时拉杆设计等。

3.5　预制混凝土构件制作

3.5.1　预制构件生产流程

预制混凝土构件的主要生产环节包括模具制作、钢筋与预埋件加工、混凝土构件制作。

1. 模具制作

所有预制构件都是在模具中制作的，如图 3-29 所示。最常用的模具是钢模具，也可用铝材混凝土、超高性能混凝土、GRC 制作模具。对于造型或质感复杂的构件而言，可以用硅胶、常温固化橡胶、玻璃钢、塑料、木材、聚苯乙烯、石膏制作模具。模具的设计与制作有以下要求。

(a)　　　　　　　　　　　　(b)

(c)　　　　　　　　　　　　(d)

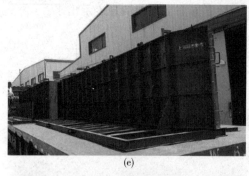

(e)   (f)

(g)   (h)

图 3-29   模具图例

（a）梁的模具；（b）柱的模具；（c）楼梯的模具；（d）阳台的模具；

（e）立式楼梯的模具；（f）飘窗的模具；（g）墙板的模具；（h）侧模固定

（1）形状与尺寸准确。

（2）有足够的强度和刚度，不易变形。

（3）立模和较高模具有可靠的稳定性。

（4）便于安放钢筋骨架。

（5）穿过模具的伸出钢筋孔位准确。

（6）固定灌浆套筒、预埋件、孔眼内模的定位装置位置准确。

（7）模具各部件之间连接牢固，接缝紧密，不漏浆。

（8）装拆方便，容易脱模，脱模时不损坏构件。

（9）模具内转角处平滑。

（10）便于清理和涂刷脱模剂。

（11）便于混凝土入模。

（12）钢模具既要避免焊缝不足导致连接强度过弱，又要避免焊缝过多导致模具变形。

（13）造型和质感表面模具与衬模结合牢固。

（14）满足周转次数要求等。

2. 钢筋与预埋件加工

预制构件一般是将钢筋骨架加工好，灌浆套筒或浆锚搭接内模、预埋件、吊钩、吊钉、预埋管线与钢筋骨架连接固定好，然后一并入模。

钢筋加工包括钢筋调直、剪裁、成型、组成钢筋骨架、灌浆套筒与钢筋连接、金属波纹管或孔内模与钢筋骨架连接、预埋件与钢筋骨架连接、管线套管与钢筋骨架连接、保护层垫块固定等。

自动化加工钢筋的范围包括钢筋调直、剪裁、单根钢筋成型（如制作钢箍）、规则的单层钢筋网片、钢筋桁架焊接成型、钢筋网片与钢筋桁架组装为一体等。目前，世界上只有极少的板式构件（如叠合板钢筋）可以实现全自动化加工和入模，其他构件都需借助于手工方式加工钢筋骨架。

手工加工方式中，钢筋调直、剪切、成型等环节一般通过加工设备完成，由人工进行绑扎或焊接形成钢筋骨架。

钢筋加工主要有以下几个基本要求。

（1）钢筋、焊条、灌浆套筒、金属波纹管、预埋件和保护层垫块等材料符合设计与规范要求。

（2）钢筋焊接和绑扎符合规范要求。

（3）钢筋尺寸、形状，钢筋骨架尺寸，保护层垫块位置等符合设计要求，误差在允许偏差范围内。

（4）附加的构造钢筋（如转角处、预埋件处的加强筋等）没有遗漏，位置准确。

（5）套筒、波纹管、内模、预埋件等位置准确，误差在允许偏差范围内；安装牢固，不会在混凝土振捣时移位、偏斜。

（6）外露预埋件按设计要求进行了防腐处理。

3. 混凝土构件制作

（1）构件制作工序

构件制作主要工序：模具就位组装→清理模具→涂脱模剂→有粗糙面要求的模具部位涂缓凝剂→钢筋骨架就位→灌浆套筒、浆锚孔内模、波纹管安装固定→预埋件就位→隐蔽验收→混凝土浇筑→蒸汽养护→脱模起吊堆放→对粗糙面部位冲洗掉水泥面层→脱模初检→修补→出厂检验→出厂运输。

（2）夹心保温板制作

夹心保温板的外叶板与内叶板不可同一天浇筑。若同一天浇筑，则在外叶板开始初凝后，内叶板作业尚未完成，会扰动拉结件，使之锚固不牢，导致外叶板在脱模、安装或使用过程中脱落，形成安全隐患甚至引发事故。

4. 工厂车间与设施

预制构件工厂车间和设施包括钢筋加工车间、混凝土搅拌站、构件制作车间、构件堆放场、表面处理车间、试验室、仓库等。其中钢筋加工车间、构件生产车间需布置门式起重机；构件堆放场需布置龙门吊。

5. 工厂主要工种

预制构件工厂主要工种包括钢筋工、模具工、混凝土工、表面处理工、吊车工等。

3.5.2　构件制作工艺

预制混凝土构件制作工艺分为固定方式和流动方式两种。固定方式中模具固定不动，包括固定模台工艺、独立模具工艺、集约式立模工艺、预应力工艺等。流动方式中模具在流水线上移动，包括流动模台工艺、自动化流水线工艺、流动式集的组合立模工艺等。图 3-30 为常用预制构件制作工艺一览。

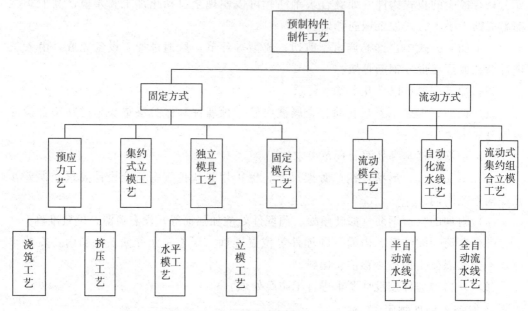

图 3-30　常用预制构件制作工艺一览

不同制作工艺的适用范围不一样，优缺点各不相同，下面分别介绍。

1. 固定方式

（1）固定模台工艺

固定模台是指用平整度较高的钢平台作为预制构件底模，在模台上固定构件侧模，组合成完整模具。

固定模台工艺的模具固定不动，组模、放置钢筋与预埋件、浇筑振捣混凝土、养护构件和拆模都在固定模台上进行。钢筋骨架用吊车送到固定模台处；混凝土用送料车或送料吊斗送到固定模台处；蒸汽管道也通到固定模台下，就地覆盖养护。构件脱模后被吊运到构件存放区。

固定模台工艺可以生产柱、梁、楼板、墙板、楼梯、飘窗、阳台板和转角构件等各类构件。其优势是适用范围广，灵活方便，适应性强，启动资金较少，见效快。固定模台工艺是目前世界上装配式混凝土预制构件中运用最多的工艺。

（2）独立模具工艺

独立模具是指带底模的模具不用在模台上组模，它包括水平独立模具和立式独立模具。

水平独立模具是"躺"着的模具，如制作梁、柱的 U 形模具；立式独立模具是"立"着的模具，如立着的柱子、T 形板、楼梯等模具。立模工艺有占地面积小、构件表面光洁、可垂直脱模、不用翻转等优点。

独立模具的生产工艺流程与固定模台工艺一样。

（3）集约式立模工艺

集约式立模是指多个构件并列组合在一起制作模具的工艺，可用来生产规格标准、形状规则、配筋简单且不出筋的板式构件（如轻质混凝土空心墙板等），如图 3-31 所示。

图 3-31　固定集约式立模

（4）预应力工艺

装配式混凝土建筑用的预应力构件主要是预应力楼板，采用先张法工艺生产：先将钢筋在张拉台上张拉，然后浇筑混凝土，经养护达到强度后拆卸边模和肋模，放张并切断预应力钢筋，切割预应力楼板。预应力混凝土构件生产工艺简单、效率高、质量易控制、成本低。除钢筋张拉和楼板切割外，其他工艺环节与固定模台工艺接近。

先张法预应力生产工艺适合生产预应力叠合楼板、空心楼板以及双 T 板等。

2. 流动方式

流动方式包括流动模台工艺、自动化流水线工艺和流动式集约组合立模工艺。其中，前两者的区别在于自动化程度。流动模台工艺自动化程度较低；自动化流水线工艺的自动化程度较高。

（1）流动模台工艺的预制构件流水生产线属于流动模台工艺。流动模台工艺是将标准订制的钢平台（一般为 4 m×9 m）放置在流动模台生产线滚轴上移动，如图 3-32 所示。先在组模区组模；然后移到钢筋入模区段进行钢筋和预埋件入模作业；再移到浇筑振捣平台上进行混凝土浇筑；完成浇筑后模台下的平台开始振动，进行振捣；之后，模台移到养护窑养护；养护结束出窑后，移到脱模区脱模，构件或被吊起，或在翻转台翻转后吊起，最后运送到构件存放区。

目前，流动模台工艺在清理模具、画线、喷涂脱模剂、振捣和翻转环节实现或部分实现了自动化，但在最重要的模具组装、钢筋入模等环节没有实现自动化。

图 3-32　流动模台生产线

流动模台工艺只适宜生产板式构件。如果制作大批量同类型构件，流动模台工艺可以提高生产效率，节约能源，降低工人劳动强度。目前我国装配式建筑以剪力墙为主，构件一个边预留套筒或浆锚孔，三个边出筋，且出筋复杂，很难实现自动化。

（2）自动化流水线工艺

自动化流水线由混凝土成型流水线和自动钢筋加工流水线两部分组成，通过电脑编程软件控制，将这两部分设备自动衔接起来，如图 3-33 所示。它实现了设计信息输入、模板自动清理、机械手画线、机械手组模、脱模剂自动喷涂、钢筋自动加工、钢筋机械手入模、混凝土自动浇筑、机械自动振捣、电脑控制自动养护、翻转机、机械手抓取边模入库等全部工序的自动完成，是真正意义上的自动化流水线。

自动化流水线一般用来生产叠合楼板和双面叠合墙板以及不出筋的实心墙板。法国巴黎和德国慕尼黑各有一家预制构件工厂，采用智能化的全自动流水线，年产 110 万米叠合楼板和双层叠合墙板，流水线上只有 6 个工人作业。

自动化流水线价格昂贵，适用范围非常窄，目前国内板式构件大都出筋，还没有适用自动化流水线的构件。

图 3-33　自动化流水线

（3）流动式集约组合立模工艺

流动式集约组合立模工艺主要生产内隔墙板。组合立模（图 3-34）通过轨道被移送到各工位，浇筑混凝土后入窑养护。流动式集的组合立模的主要优点是可以集中养护。

图 3-34　流动式集约组合立模

不同工艺对制作常用预制构件的适用范围如图 3-35 所示。

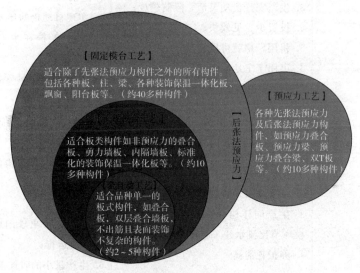

图 3-35　制作工艺对常用预制构件的适用范围

3.5.3　制作工艺的适宜性与经济性

1. 固定模台工艺与流动模台工艺比较

固定模台工艺与流动模台工艺是目前国内应用最多的工艺。固定模台工艺与流动模台工艺的适宜性比较如表 3-2 所示。

表 3-2　固定模台工艺与流动模台工艺的适宜性比较

比较项目	固定模台工艺	流动模台工艺
可生产的构件	梁、叠合梁、蓬梁、柱梁一体、柱、楼板、叠合极板、内墙板、外墙板、T形板、L形板、曲面板、楼梯板、阳台板、飘窗、夹心保温墙板、后张法预应力梁、各种异形构件	楼板、叠合楼板、剪力墙内墙板、剪力墙外墙板、夹心保温墙板、阳台板、空调板等板式构件
10万立方米产能设备投资	800万~1 200万	3 000万~5 000万
优先	1. 适用范围广； 2. 可生产复杂构件； 3. 生产安排机动灵活，限制较少； 4. 投资少、见效快； 5. 租用厂房就可以启动； 6. 可用于工地临时工厂	1. 在放线、清理模台、喷脱模剂、振捣、翻转环节实现了自动化； 2. 钢筋、模具和混凝土运输线路固定； 3. 实现自动化的环节节约劳动力； 4. 集中养护在生产饱满时节约能源； 5. 制作过程质量管控点固定，方便管理
缺点	1. 与流动模台相比，同样产能占地面积要大10%~15%； 2. 可实现自动化的环节少； 3. 生产同样构件，振捣、养护、脱模环节比流水线工艺用工多； 4. 养护耗能高	1. 适用范围窄，仅适于板式构件； 2. 投资较大； 3. 制作不一样的构件对效率影响较大； 4. 不机动灵活； 5. 一个环节出现问题会影响整个生产线运行； 6. 生产量小的时候浪费能源； 7. 不宜在租用厂房投资设置
适用范围	1. 产品定位范围广的工厂； 2. 市场规模小的地区； 3. 受投资规模限制的小型工厂或启动期； 4. 没有条件马上征地的工厂	适合市场规模较大地区的板式构件

2. 关于自动化的认识误区

有人以为装配式建筑必须采用自动化生产方式。其实在世界范围内，目前能实行自动化生产的构件非常少，仅限于不出筋和配筋简单的规格化板式构件。目前，这样的构件在中国使用量也很少。最有可能实现自动化生产的叠合板，由于我国相关规范要求出筋，也无法实现自动化。

（1）目前框架结构柱、梁构件在世界各国都没有自动化生产线。

（2）按相关现行行业标准和国家标准规定，剪力墙板大多两边甚至三边出筋，且出筋复杂，一边为套筒或浆锚孔，所以很难实现自动化。

（3）剪力墙结构建筑构件品种比较多，还有异形构件（如楼梯板、飘窗、阳台板、挑檐板、转角板等），生产流程复杂，钢筋骨架复杂，一些构件既有暗柱又有暗梁，钢筋加工无法实现自动化。

（4）装饰保温一体化外墙板生产工序繁杂，也无法实现自动化。

（5）自动化流水线投资非常大，只有在市场需求较大、稳定且劳动力比较贵的情况下，才有经济上的可行性。

3. 关于流动模台工艺的误区

有人以为流水线就等于自动化和智能化，甚至有人把有没有流水线作为选择预制构件供货厂家的前提条件，这是一个很大的误区。按照这个标准，日本、美国、澳洲绝大多数预制构件厂家在中国都不合格。

国内目前的流水线其实就是流动的模台，并没有实现自动化，与固定模台比没有技术和质量优势，生产线也很难做到匀速流动，并不节省劳动力。流水线投资较大，适用范围却很窄：梁、柱不能做，飘窗不能做，转角板不能做，转角构件不能做，各种异形构件也不能做。只有在构件标准化、规格化、专业化、单一化和数量大的情况下，流水线才能实现自动化和智能化。

3.6　装配式混凝土建筑施工

与现浇混凝土建筑比较，装配式建筑施工环节的不同主要在于：①必须与设计和制作环节密切协同；②施工精度要求高，误差从厘米级变成毫米级；③增加了部品部件安装环节，大幅度增加了起重吊装工作量；④增加了关键的构件连接作业环节，包括套筒灌浆、浆锚搭接灌浆和后浇混凝土。

3.6.1　与设计和制作环节协同

1. 与设计方的协同

与设计方的协同需要做到以下几点。

（1）在拆分设计前向设计方提出施工安装对构件重量、尺寸的限制条件，提出翻转与安装吊点设置的要求，如非对称构件吊点设置必须保持重心平衡等要求。

（2）施工阶段用的预埋件（如塔式起重机支撑点预埋件、后浇混凝土浇筑模板架立预埋件、安全设施架立预埋件等）需埋设到预制构件中。因此在构件制作图设计前，施工单位应向设计者提出要求。

（3）在图样会审和设计交底阶段，从施工可能性、便利性角度提出要求。构件在工地存放与构件安装后临时支撑等，都需要设计方给出明确的设计图样和技术要求。有些小型构件使用捆绑式吊装，设计方需要给出捆绑位置，否则会因为捆绑不当造成吊装运输过程中的构件损坏。

（4）现场出现质量问题或无法施工的情况时，由设计方给出处理解决方案等。

2. 与制作方协同

与制作方协同需要做到以下几点。

（1）施工期受制于工厂，计划管理需延伸到工厂，要求工厂按安装计划进行生产；计划要详细、周密、定量，计划到天；对每层楼的构件都应确定装车顺序。

（2）构件进场检查受场地限制，特别是直接从车上吊装构件时，检查时间也受限制，构件的一些检查验收项目需前移到工厂进行。

（3）对不合格品应有补救预案，并由工厂落实。

（4）对于存量少的构件要有备用构件。

（5）制定在施工过程中出现与工厂有关的质量问题的补救预案。

（6）制定各类问题或质量缺陷的协调解决机制。

3.6.2 现浇混凝土伸出钢筋的定位

现浇混凝土伸出的钢筋是否准确是施工中非常重要的环节，直接影响到结构的安全性以及构件能否顺利安装。保证伸出钢筋准确性的通常做法是使用钢筋定位模板。

3.6.3 构件吊装

构件吊装主要包括以下内容。

（1）根据构件重量和安装幅度半径选择与布置起重设备。

（2）设计吊索吊具。吊具有点式吊具、一字型吊具、平面吊具和特殊吊具。

（3）检查构件安装部位混凝土和准备吊装的构件的质量。

（4）水平构件吊装前架设支撑；竖直构件吊装后架设支撑。

（5）构件吊装前须放线，并做好标高调整。

（6）按照操作规程进行吊装，保证构件位置和垂直度的偏差在允许范围内。

（7）水平构件安装后，检查支撑体系受力状态，进行微调。

（8）竖直构件和没有横向支承的梁吊装后架立斜支撑，调节斜支撑长度，保证构件垂直度。

（9）进行安装质量验收。

3.6.4 灌浆作业

灌浆作业是装配整体式混凝土结构施工重点中的重点，直接影响到结构安全。灌浆作业流程如图 3-36 所示。

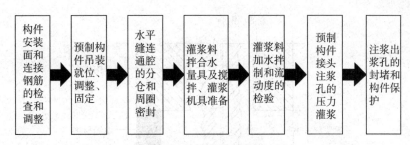

图 3-36　灌浆作业流程

下面对灌浆作业重点环节做简单介绍。

1. 剪力墙灌浆分仓

当预制剪力墙板灌浆距离超过 3 m 时，宜进行灌浆作业区分割，也就是"分仓"，如图 3-37 所示。分仓长度一般控制在 1～3 m；分仓材料通常采用抗压强度为 50 MPa 的坐浆料。坐浆分仓作业完成后，不得对构件及构件的临时支撑体系进行扰动，待 24h 后，方可进行灌浆施工。

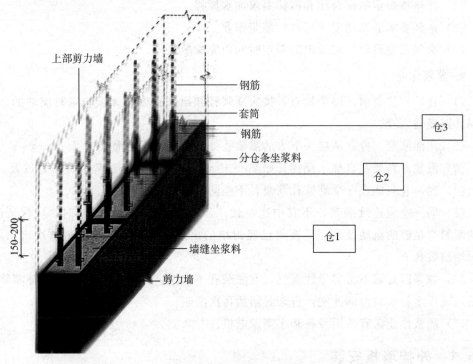

图 3-37　剪力墙分仓示意图

2. 密封接缝

接缝必须被严密封堵，保证灌浆作业时不漏浆，且不影响连接钢筋的保护层厚度。封缝方法有木条、坐浆料、压密封条和充气胶条等。灌浆作业封缝示意图如图 3-38 所示。

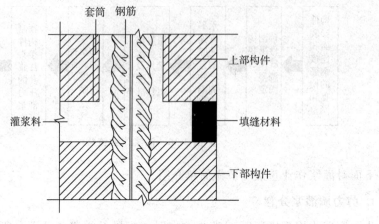

图 3-38　灌浆作业封缝示意图

3. 灌浆料搅拌

（1）使用正确的灌浆料（灌浆套筒与浆锚搭接的灌浆料不一样），避免用错。

（2）严格按规定的配合比和搅拌要求加水搅拌。

（3）达到要求的流动度才可进行灌浆作业。

（4）必须在灌浆料厂家给出的限定时间内完成灌浆。

4. 灌浆作业

（1）在正式灌浆前，逐个检查各接头灌浆孔和出浆孔内有无影响浆料流动的杂物，确保孔路畅通。

（2）用灌浆泵（枪）从接头下方的灌浆孔处向套筒内压力灌浆。

（3）灌浆浆料要在自加水搅拌开始 20～30 min 内灌完，全过程不宜压力过大。

（4）同一仓只能在一个灌浆孔灌浆，不能同时从两个以上的孔灌浆。

（5）同一仓应连续灌浆，不宜中途停顿。若中途停顿，再次灌浆时，应保证已灌入的浆料有足够的流动性，还需要将已经封堵的出浆孔打开，待灌浆料再次流出后逐个封堵出浆孔。

（6）如果因封堵不密实导致漏气，有灌浆孔不出浆，则此时严禁从该孔补灌浆料，必须用高压水将浆料全部冲洗，重新封堵后再次灌浆。

（7）灌浆作业需有备用设备和小型发电机。

3.6.5　外挂墙板安装

外挂墙板与主体结构的连接方式主要是螺栓连接，有时也采用焊接连接。外挂墙板安装需要注意的问题是避免将设计的柔性支座（允许适当位移以避免结构变形影响的支座）固定过紧甚至焊死，变成固定支座。

3.7　装配式建筑质量管理关键点

对于装配式混凝土建筑影响到结构安全和重要使用功能的质量关键点必须格外重视，下面列出设计、材料与配件采购、制作、存放与运输、安装等环节的主要质量关键点（不限于此）。

3.7.1　设计环节质量关键点

设计环节的质量关键点主要包括以下内容。

（1）在确定方案、选择结构体系时，充分考虑功能性、适宜性和经济性。

（2）在结构设计时，考虑整体性、强柱弱梁、强剪弱弯、强接缝弱构件、套筒连接点避开塑性铰等因素。

（3）根据项目实际情况和约束条件优化拆分设计，实现合理性与经济性。

（4）设计负责人组织建筑、结构、装修、水电暖通各专业协同设计，避免需埋设在预制构件里的预埋件、预埋物、预留孔洞遗漏或位置不准。

（5）设计负责人联系甲方，负责组织与制作和施工企业进行协同设计，避免制作、施工环节需要的预埋件、吊点遗漏或位置不准。

（6）避免各种预埋件、预埋物与钢筋、伸出钢筋干涉，或因拥堵无法正常浇筑，振捣混凝土。

（7）对钢筋连接件与材料（如灌浆套筒、金属波纹管、灌浆料等）给出明确具体的性能要求以及试验验证要求。

（8）需保证套筒箍筋保护层厚度，如此会带来受力钢筋在截面中相对位置的变化，需进行复核计算。如有需要则采取调整措施。

（9）给出夹心保温板内、外叶板拉结件的选用、布置、锚固构造及耐久性设计。

（10）给出外挂墙板活动支座的构造设计，避免全部采用刚性支座。

（11）给出不对称构件的吊点平衡设计，避免起吊时构件歪斜无法安装。

（12）给出构件存放与运输的支承点、支承方式和存放层数的设计，捆绑方式吊装构件的捆绑点位置设计。

（13）给出各类构件安装后的临时支撑设计。

（14）给出防雷引下线和连接及其连接点耐久性设计。

（15）选择压缩比符合接缝设计要求的防水胶条以及适用混凝土的建筑密封胶。

（16）给出敞口构件临时拉结设计等。

3.7.2　材料与配件采购环节质量关键点

除了按照设计要求和有关标准采购混凝土建筑常用材料外，关于装配式的专用材料与配件，采购质量的关键点主要包括以下内容。

（1）按照设计要求、相关国家标准和行业标准规定的物理力学性能采购灌浆套筒、金属波纹管、机械套筒、夹心保温板拉结件、内埋式螺母和吊钉等。

（2）按照设计要求、相关国家标准和行业标准规定的物理力学性能和工艺性能选购灌浆料、坐浆料等。

（3）外挂墙板接缝用的防水橡胶条需满足设计要求的弹性指标。

（4）按设计要求选购适合混凝土基面的建筑密封胶。

（5）用镀锌钢带做防雷引下线时，镀锌层厚度需满足设计要求。

3.7.3　构件制作环节质量关键点

构件制作环节的质量关键点主要包括以下内容。

（1）混凝土强度和其他力学性能符合设计要求。当不同构件组成复合构件时（如梁柱一体化构件），如果梁、柱强度等级不同，应避免出现混同错误。

（2）避免混凝土裂缝和龟裂。通过混凝土配合比控制、原材料质量控制、蒸汽养护升温/降温梯度控制、保护层厚度控制以及准确存放等措施避免出现裂缝。

（3）保证钢筋与出筋准确。保证钢筋加工、成型、骨架组装的正确与误差控制，外伸连接钢筋直径、位置、长度的准确与误差控制。

（4）保证灌浆套筒位置正确。保证套筒位置和垂直度在允许误差内，固定牢固，不会在混凝土振捣时移位歪斜。

（5）保证保护层厚度。正确选用和布置保护层垫块，避免钢筋骨架位移导致保护层不够甚至露筋。

（6）保证预埋件、预埋物和孔洞位置在误差允许范围内。

（7）保证构件尺寸误差在允许范围内。确保模具质量和组模质量符合构件精度要求。

（8）保证混凝土外观质量。通过模具的严密性和浇筑、振捣操作保证混凝土外观质量。

（9）保证养护质量。

（10）保证夹心保温板制作质量。内、外叶板宜分两天制作，特别要防止拉结件锚固不牢，保证保温层铺设质量等。

（11）做好门窗一体化构件防水构造。

（12）做好半成品和产品保护，避免磕碰。

3.7.4　存放运输环节质量关键点

构件存放运输环节的质量关键点主要包括以下内容。

（1）按照设计要求的支承位置、方式与层数存放，垫块、垫方和靠放架应符合设计要求。

（2）避免因存放不当导致的构件变形。

（3）采取防止立式存放构件倾倒的可靠措施。

（4）采取避免磕碰和污染的可靠措施。

3.7.5　施工环节质量关键点

施工环节的质量关键点主要包括以下内容。

（1）避免现浇混凝土伸出的钢筋位置与长度误差过大。

（2）避免灌浆孔被堵塞。

（3）竖向构件斜支撑地锚与叠合板桁架筋连接，避免现浇叠合层时混凝土强度不足导致地锚被拔起。

（4）构件安装误差在允许范围内，竖向构件控制好垂直度。

（5）按设计要求进行临时支撑。

（6）竖向构件安装后及时灌浆，避免隔层灌浆。

（7）确保灌浆质量，避免出现灌浆料配置错误、延时使用、灌浆不饱满和不到位的情况。

（8）剪力墙结构水平现浇带浇筑混凝土后，需要在安装上层构件前探测混凝土强度。如果强度较低，则需采取必要的措施。

（9）后浇混凝土模具应牢固，避免胀模和夹心保温板外叶板探出部分被混凝土挤压外胀。

（10）后浇混凝土应与钢筋连接正确且外观质量好，同时采取可靠的养护措施。

（11）防雷引下线连接部位防腐处理符合设计要求。

（12）避免将外挂墙板活动支座锁紧变成固定支座。

（13）做好外挂墙板和夹心保温剪力墙外叶板的接缝防水施工。

（14）做好成品保护。

3.8　装配式混凝土结构建筑案例

3.8.1　面砖反打 PC 剪力墙住宅设计

1. 项目基本情况

基地面积：10.43 万平方米；总建筑面积：约 36 万平方米；容积率：2.9；住宅比例：70%。面砖反打 PC 剪力墙住宅示意图如图 3-39 所示。

图 3-39　面砖反打 PC 剪力墙住宅示意图

　　PC 比例：住宅 4 层及以上采用 PC，标准层 PC 率为 34％，折合整栋 PC 率为 25％。户型标准化示意图如图 3-40 所示。

　　立面标准化：立面简洁，元素归并，风格统一。立面布置如表 3-3 所示，立面标准化示意图如图 3-41 所示。

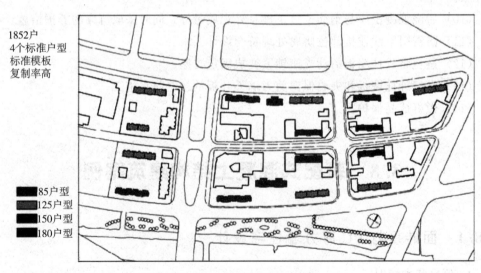

图 3-40　户型标准化示意图

表 3-3　立面布置　　　　　　　　　　　　　（单位：mm）

户型	层高	厅、房、卫			厨房、楼梯			梁高
		窗高	窗下高度 PC/土建	窗上高度 PC/土建	高	窗下高度 PC/土建	窗上高度 PC/土建	
85 户型	2950	1760	560/520	630/590	1380	940/900	630/590	500
125 户型								
150 户型	3000	1810	560/520	630/590	1430	940/900	630/590	500
180 户型	3150	1910	560/520	680/640	1530	940/900	680/640	550

图 3-41　立面标准化示意图

　　立面分析：考虑到立面底部基座及女儿墙屋顶构架的造型复杂、复制率低，底部基座及女儿墙以上部分不考虑 PC 预制构件；标准层做 PC，同一位置不会出现不同构件，构件复制率高。立面分析示意图如图 3-42 所示。

图 3-42　立面分析示意图

本项目为装配式整体式剪力墙结构体系，南北外挂 PCF，东西山墙预制剪力墙。在制作了凸窗、阳台、设备平台、楼梯、预制剪力墙及 PCF 墙板的情况下，本项目 PC 外墙立面面积比均在 50% 以上，满足相关文件要求，标准层预制率可达 34%。

2. PC 建筑防水设计

预埋框料要求：铝合金窗框，框料宽度一般为 50～60 mm，窗脚埋深 20 mm 以上，泄水孔需外露，中梃外凸 50 mm 以内。窗周防水预埋框料要求如图 3-43 所示。

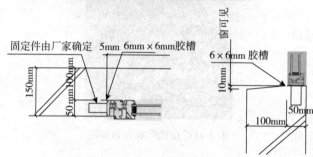

图 3-43　窗周防水预埋框料要求

PC 安装施工中 PC 板的连接及防水如图 3-44 至图 3-47 所示。

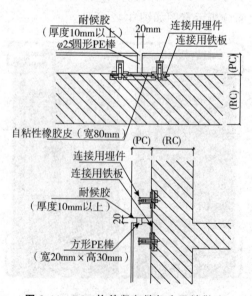

图 3-44　PCF 构件竖向缝与水平缝做法

图 3-45 PC 安装施工——PC 板内侧支

图 3-46 PCF 内模拉结螺杆

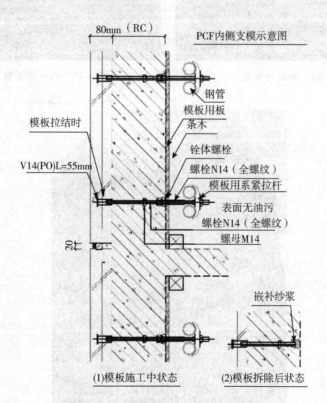

图 3-47 PC 安装施工——窗与结构的连接

PC 安装施工中免外脚手架做法如图 3-48 至图 3-50 所示。

图 3-48　外架三角撑

图 3-49　防护架安装就位

图 3-50　两层外防护架周转

3.8.2　石材反打 PCF 剪力墙住宅设计

1. 项目基本情况

PC 率＝PC 方量/地上混凝土总方量。1♯、4♯、6♯的 PC 率为 15％；3♯楼的 PC 率为 15.1％；8♯楼的 PC 率为 15.3％。项目基本情况如图 3-51 所示。

项目基本情况	
名称	数值
用地面积	31 616.8 m²
总建筑面积	111 782.37 m²
地上总建筑面积	80 645.50 m²
地下总建筑面积	31 136.8 m²
总户数	355 户

1#、3#：
√23层，建筑高度79.5 m
√首层5.4m，二层4.5 m
√标准层层高：3.3 m
4#、6#：
√23层，建筑高度78.3 m
√首层层高：5.4 m
√标准层层高：3.3 m
8#：
√26层，建筑高度79.5 m
√首层层高：4.2 m
√标准层层高：3.0 m

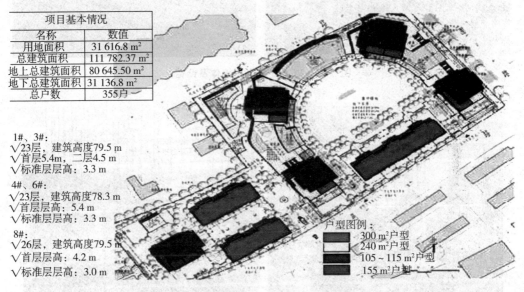

户型图例：
300 m²户型
240 m²户型
105～115 m²户型
155 m²户型

图 3-51　项目基本情况

2. 装配式施工

1♯、3♯、4♯、6♯楼梯采用工厂预制；8♯楼梯采用传统现浇。PCF＋石材板的总厚度为 150 mm，石材厚度为 30 mm，施工流程如图 3-52 至图 3-57 所示。

楼号	使用层数	使用部位	受力特征
高层1、3、4、6号楼	5～20层	外墙板（含部分八角窗凸窗板）	非叠合PCF体系（不参与结构整体受力）
高层8号楼	6～24层	楼梯	

预制围护墙

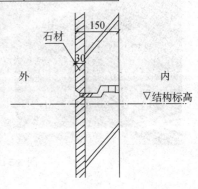

石材
150
30
外
内
▽结构标高

图 3-52　PCF 外模内浇墙体及凸窗

图 3-53　PCF 外墙及凸窗现场安装

图 3-54　PC 结合铝模技术应用（一）

图 3-55 PC 结合铝模技术应用（二）

图 3-56 爬架与穿插施工

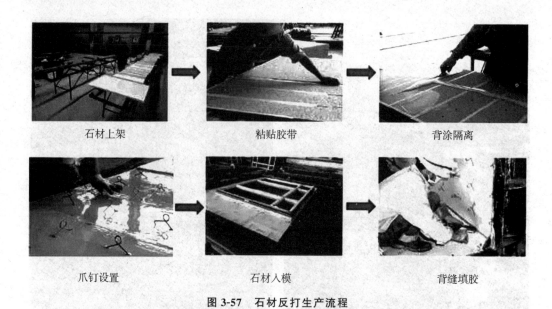

石材上架　　　　　　　　粘贴胶带　　　　　　　　背涂隔离

爪钉设置　　　　　　　　石材入模　　　　　　　　背缝填胶

图 3-57　石材反打生产流程

石材破损解决方案：针对 PC 石材破损的不同程度，采用不同的修补方式。对于小于 3 cm 的破损，直接采用相同颜色的石材专用胶进行修补；对于 3 cm 以上的破损，采用切割石材拼块修补，并对修补部位进行拉拔试验，如图 3-58 所示。

石材胶修补　　　　　　　　　　　　修补部位拉拔试验

图 3-58　石材破损解决方案

3.8.3　夹心保温 PC 剪力墙住宅设计

1. 项目基本情况

占地面积：76 314.60 m²；用地性质：住办（宅 83%～85%，公 15%～17%）；容积率：2.65；地上计容建筑面积：202 233.69 m²；建筑限高：80 m（局部 100 m）；预制装配率：30%。住宅地理位置如图 3-59 所示。

图 3-59　住宅地理位置

　　高层的立面具有典型的三段式特征：底层三层为干挂石材和铝板打造的基座，主体材料为深色的仿石材涂料；柱子直通至三层，强化竖向特征；梁的位置以深色铝板饰面，整个基座庄严沉稳。高层住宅强调建筑的线条与体块的对比，完善体量的同时，又不失变化，使整个建筑高贵典雅、自然又极富韵律感，如图 3-60 所示。

图 3-60　建筑立面示意图

2. 装配式设计要点

预制夹心保温剪力墙结构设计依据以下标准及图集。

（1）行业标准：《装配式混凝土结构技术规程》（JGJ 1－2014）。

（2）上海市标准：《装配整体式混凝土居住建筑设计规程》（DG/TJ 08－2071－2015）。

（3）上海市标准：《预制混凝土夹心保温外墙板应用技术规程》（DG/TJ 08－2158－2015）。

（4）行业设计指导：《装配式建筑系列标准应用实施指南》（装配式混凝土结构建筑）。

（5）国标图集：《预制混凝土剪力墙外墙板》（15G 365—1）、《装配式混凝土结构连接节点构造剪力墙》（15G 310—2）。

（6）上海市标准图集：《装配整体式混凝土构件图集》（DBJT 08—121—2016）。

（7）企业标准：HALFEN、斯贝尔、佩克、Thermomass 和利物宝等。

构件种类：预制空调板、预制剪力墙、预制飘窗、预制平窗和预制楼梯。类型及数量：21 种，共 44 块，除飘窗外均为简单构件。构件立面范围：下部三层为底部加强区，剪力墙不宜做 PC，其余构件 PC 预制。最重预制构件为预制剪力墙，约 5.5 吨；建筑立面 PC 拆分，如图 3-61 所示。

图 3-61　建筑立面 PC 拆分方案

夹心保温剪力墙的工厂生产如图 3-62 和图 3-63 所示。

图 3-62　保温板分块铺放

图 3-63　内叶墙板钢筋绑扎、埋件固定

3. 工法楼设计安装

（1）将 9 号楼中的中间户和公共部位分别摘取出来，并分别进行各专业深化，现

场搭建 3 层高工法楼，如图 3-64 所示。

（2）工法楼一层现浇，立面采用干挂石材；二层和三层预制，立面采用仿石涂料。

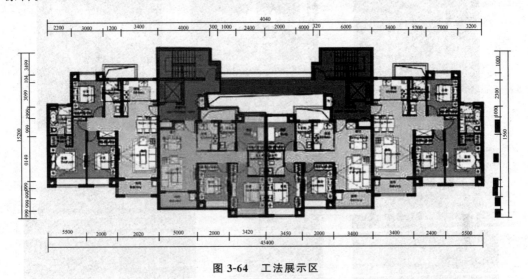

图 3-64　工法展示区

采用 BIM 软件进行三维建模及构件拆分，并模拟现场安装工序进行预拼装，如图 3-65 所示。现场完成效果如图 3-66 和图 3-67 所示。

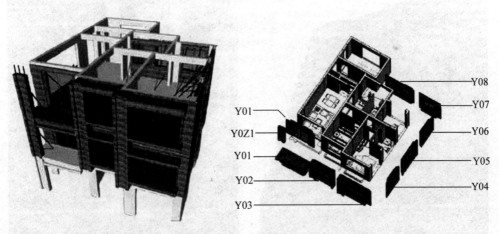

图 3-65　三维建模及构件拆分

图 3-66　现场完成效果（一）

图 3-67　现场完成效果（二）

3.8.4　节段柱预应力框架会所设计

1. 项目基本情况

该项目位于上海青浦区蟠中路及蟠祥路交叉口处，为上海中建集团虹桥生态商务商业社区项目配套的销售中心。其装配整体式框架结构共两层，底层层高 4.8 m，二层层高 4.2 m，属于平屋顶建筑，建筑面积 1 154 m²。节段柱预应力框架会所示意图如图 3-68 所示。

图 3-68　节段柱预应力框架会所示意图

2. PC 结构设计概况

基础现浇，±0.000 以上采用装配整体式框架，基础预留与柱连接钢筋，柱纵筋采用灌浆套筒连接方式。构件拆分为预制柱、预制预应力框架叠合梁、预制叠合楼层次梁、预制楼梯板、预制叠合楼板、预制檐口板。预制楼板采用单向叠合板，板宽小于 3 m。模型计算中需注意楼板传力方向。主次梁连接采用牛腿支承的简支方式，模型中次梁两端全部设为铰接。水平向跨度为 12.6 m、10.8 m、12.6m，由于建筑空间要求较高，梁高受到限制，采用后张法有黏结预应力梁，梁高 800 m。

通过 BIM 建模进行碰撞检查及预拼装，预制率在 60% 以上。现场制作及安装如图 3-69 至图 3-74 所示。

图 3-69 预制节段柱的吊装

图 3-70 预制节段柱的安装

图 3-71　二层楼面吊装完成

图 3-72　现浇框架梁柱节点

图 3-73　主次梁节点

图 3-74 现场建成效果

3.8.5 装配整体式办公综合楼设计

1. 项目基本情况

建筑面积为 6 100 m²，地上 5 层，建筑总高度为 22.1 m，主要建筑功能为办公、展示及厂区配套服务用房。各层层高分别为：底层层高为 5.0 m；二至五层均为 4.2 m。大楼整体立面采用玻璃幕墙加外挂 PC 墙板。结构体系：装配整体式框架结构，抗震等级为三级；预制范围：预制外挂墙板、预制柱、预制叠合梁、预制预应力空心板叠合楼板（局部钢筋桁架叠合板）、预制楼梯、预制清水混凝土内墙、ALC 加气混凝土轻质条板、预制女儿墙等；单体建筑预制率：83% 左右。装配整体式办公综合楼示意图如图 3-75 所示。

图 3-75 装配整体式办公综合楼示意图

柱网尺寸是装配式框架建筑标准化设计的关键，标准化柱网基本决定了预制叠合梁和叠合板的布置方式与种类数量。

平面布局采用了 6.9 m×6.9 m 的标准化柱网尺寸，奠定了装配式建筑设计的基本模数。标准化柱网使得楼板跨度和开间种类不超过 3 种，导致预制柱、梁、板的种类大大减少，如图 3-76 和图 3-77 所示。

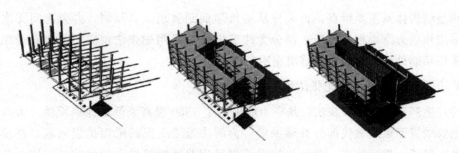

图 3-76 建筑设计——柱网标准化

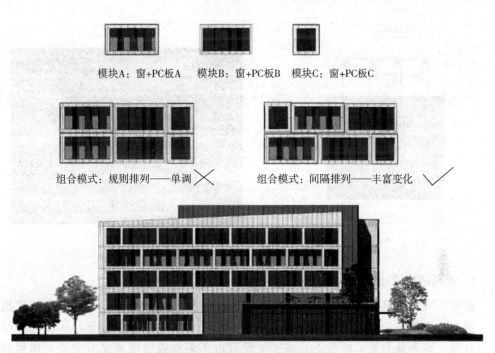

模块A：窗+PC板A 模块B：窗+PC板B 模块C：窗+PC板C

组合模式：规则排列——单调 ✕   组合模式：间隔排列——丰富变化 ✓

图 3-77 建筑设计——立面设计

2. 预制结构设计——预制体系

考虑到本项目为预制装配式示范项目，为进一步体现装配式建筑工业化建造的优势，尽量减少现场湿作业，因此遵循预制构件范围最大化原则来进行装配结构体系设计。预制范围如下。

框架柱：−0.200 至屋顶；主、次梁（二至屋顶层）：采用叠合梁做法；楼板：局部采用钢筋桁架叠合楼板，其余均采用预应力空心板叠合板；内隔墙：预制清水混凝土内墙、预制陶粒混凝土内墙、ALC 加气混凝土轻质条板；楼梯：预制梯段＋预制门架；外立面：预制外挂墙板＋玻璃幕墙。

3. 预制结构设计——体系特点

预制结构体系主要特点：框架柱从基础顶面到屋顶全高预制；办公房间无次梁布置，采用预应力空心板叠合板；部分大跨度框架梁采用先张法预应力预制叠合梁；外立面采用预制外挂墙板加玻璃幕墙交错布置。

4. 预制结构设计——先张法预应力预制梁

构件生产制作采用长线法，预应力筋采用了1860级高强低松弛钢绞线。大部分预应力钢绞线置于梁底替代部分普通纵筋。为解决施工工况的梁面抗裂问题，在预制梁顶部也布置了4根钢绞线。梁底外排纵筋仍采用普通钢筋伸入梁柱节点，伸入节点纵筋数量同时满足计算和构造要求，如图3-78所示。

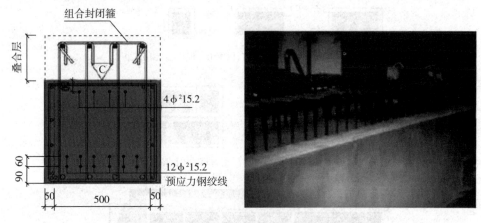

图3-78 预制结构设计——预制体系

5. 预制结构设计——预应力圆孔板叠合板

基本实现无次梁平面布置，大大减少了预制构件和连接数量，可有效降低建造成本，提高施工效率。在满足受力要求的前提下，可大幅减轻楼盖重量，从而减少结构整体自重，减小地力及基础反力。施工工况可以不需在板底设置临时支撑，即做到实际意义的板底免支撑施工，具有节材、省人力等优点，如图3-79所示。

图3-79 预应力圆孔板叠合板

对于大跨度构件，采用预应力技术可有效提高构件抗裂性能，可大幅节省钢筋用量。

6. 连接节点设计

装配整体式办公综合楼连接节点设计如图 3-80 和图 3-81 所示。

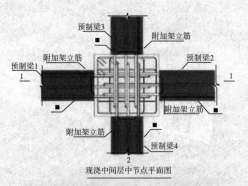

图 3-80　框架梁柱节点

图 3-81　主次梁牛担板连接节点

3.8.6　双 T 板框架结构商业广场设计

1. 项目基本情况

该项目为独栋 4 层购物中心；框架结构平面尺寸为 77 m×166 m（宽度×长度）；采用装配整体式框架结构；主要预制构件为预制钢筋桁架板、预制叠合梁、预制楼梯、预制叠合双 T 板底板，预制率为 30%。项目示意图如图 3-82 所示。

图 3-82　项目示意图

2. 双 T 板项目案例

双 T 板框架结构商业广场施工案例如图 3-83 至图 3-85 所示。

图 3-83　工厂生产场景

图 3-84　工法楼设计安装

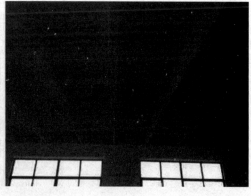

图 3-85　类似项目建成效果

 思考题

1. 在 20 世纪 80 年代末以后一段时间，我国装配式建筑发展停滞的原因是什么？

2. 装配式混凝土建筑对于各建筑高度、建筑造型风格和结构体系而言，各有何适宜性？

3. 装配式混凝土建筑与现浇混凝土建筑相比，在设计理论和设计方法上有什么不同？

4. 如何理解装配式建筑"可靠的连接方式"？列举在装配式建筑里主要的连接方式。

5. 简要说明为什么装配式建筑强调使用高性能混凝土、高强钢筋。

6. 装配式混凝土建筑平面形状的基本要求是什么？装配式混凝土建筑为什么要强调标准化设计？标准化设计的意义是什么？

7. 预制构件工厂制作都有哪些工艺？其分别适应哪些种类的预制构件？

8. 装配式建筑施工单位与设计单位存在哪些需要互动沟通的内容？

9. 简述装配式混凝土建筑当前发展中需要突破的主要技术课题。

情景4 装配式钢结构建筑

情景导读

钢结构作为装配式建筑的"先行者"，经历了怎样的发展轨迹？其建筑风格有哪些独到之处？其结构设计又有哪些重点、难点？作为一种相对成熟的装配式结构，钢结构构件是如何完成工厂预制、运输的？又如何进行现场安装和检验？本情景将讨论并解答以上问题。

**学习目标**

（1）掌握装配式钢结构建筑的类型与适用范围；装配式钢结构建筑施工安装的工艺流程；

（2）熟悉装配式钢结构建筑的概念、装配式钢结构建筑设计要点、装配式钢结构建筑生产与运输的基本要求、装配式钢结构建筑质量验收的要求；

（3）了解装配式钢结构建筑的历史；装配式钢结构建筑使用维护的基本要求。

4.1 装配式钢结构建筑基本知识

国家标准《装配式钢结构建筑技术标准》（GB/T 51232—2016）关于装配式钢结构建筑的定义：装配式钢结构建筑是"建筑的结构系统由钢部（构）件构成的装配式建筑"。按照国家标准定义的装配式钢结构建筑与具有装配式自然特征的普通钢结构建筑相比有两点差别：①更加强调预制部品部件的集成；②不仅是钢结构系统，其他系统也要搞装配式。

装配式钢结构建筑与普通钢结构建筑比较，更突出以下几点。

（1）更强调钢结构构件集成化和优化设计。

（2）各系统的集成化；尽可能采用预制部品部件。

（3）标准化设计。

（4）连接节点、接口的通用性与便利性。

（5）部品部件制作的精益化。

（6）现场施工以装配和干法作业为主。

（7）基于 BIM 的全链条信息化管理。

4.1.1 装配式钢结构建筑的优点

关于装配式钢结构建筑的优点，下面从钢结构建筑的优点和装配式钢结构建筑的优点两个层面讨论。

1. 钢结构建筑的优点

钢结构建筑具有安全、高效、绿色、节能减排和可循环利用等优势。

（1）安全钢结构有较好的延性，因其结构在动力冲击荷载作用下能吸收较多的能量并可降低脆性破坏的危险程度，因此其抗震性能好，尤其在高烈度震区，使用钢结构能获得比其他结构更可靠的抗震减灾能力。

（2）轻质高强钢结构具有轻质高强的特点，特别适于高层与超高层建筑，能建造的建筑物高度远比其他结构高。

（3）钢结构具有结构受力传递清晰的特点。现代建筑各种结构体系大都先从钢结构获得结构计算简图、计算模型，并经过成功的工程实践后再推广到混凝土结构。例如，框架结构、密柱筒体结构、核心筒结构、束筒结构等现代建筑的结构体系，都是先从钢结构开始实践，然后钢筋混凝土结构才采用的。

（4）适用范围广。钢结构建筑比混凝土结构和木结构建筑适用范围更广，可建造各种类型使用功能的建筑，如办公楼、医院、住宅等。

（5）适于标准化。钢结构建筑具有便于实现标准化的特点。

（6）适于现代化。钢结构具有与生俱来的装配式或工业化优势，特别适于建筑产业的现代化。钢结构建筑一直在引领着建筑产业的现代化进程。钢结构建筑现代化的过程能够带动冶金、机械、建材、自动控制以及其他相关行业发展。高层建筑钢结构的应用与发展既是一个国家经济实力强大的标志，也是其科技水平提高、材料工艺与建筑技术进入高科技发展阶段的体现。

（7）资源储备。钢材是可以循环利用的建筑材料，钢结构建筑实际上是钢材资源巨大的"仓库"。像美国这样在建筑和汽车行业大量使用钢材的国家，对铁矿石等自然资源的依赖非常少，废旧钢材的循环利用就可以基本满足其需求。

（8）绿色建筑优势。钢结构建筑是建设"资源节约型、环境友好型、循环经济和可持续发展社会"的有效载体，优良的装配式钢结构建筑是"绿色建筑"的代表。

① 节能（节省建造及运行能耗）：炼钢产生的 CO_2 是烧制水泥的 20%，消耗的能源比水泥少 15%。钢结构部件及制品均轻质高强，建造过程能大幅减少运输、吊装的能源消耗。

② 节地（提高土地使用效率）：钢结构"轻质高强"的特点易于实现高层建筑，可提高单位面积土地的使用效率。

③节水（减少污水排放）：钢结构建筑以现场装配化施工为主，建造过程中可大幅减少用水及污水排放，节水率达 80％以上。

④节材：传统混凝土结构约为 1 000～1 200 kg/m²，钢结构高层建筑结构自重约为 500～600 kg/m²，其自重减轻约 50％，可大幅减少水泥、砂石等资源消耗。建筑自重减轻也降低了地基及基础技术处理的难度，同时可减少约 30％的地基处理及基础费用。

⑤环保：采用装配化施工可有效降低施工现场噪声扰民、废水排放及粉尘污染，有利于绿色建造、保护环境。

⑥主材回收与循环利用：建筑拆除时，钢结构建筑主体结构材料回收率在 90％以上，较传统建筑垃圾排放量减少约 60％。钢材回收与再生利用可为国家作战略资源储备，同时减少建筑垃圾填埋对土地资源的占用以及垃圾中有害物质对地表及地下水源的污染等（建筑垃圾约占全社会垃圾总量的 40％）。

⑦低碳营造：根据实际统计，采用钢结构的建筑 CO 的排放量约为 480 kg/m²，较传统混凝土建筑碳排放量（740.6 kg/m²）降低 35％以上。

2. 装配式钢结构建筑的优点

装配式钢结构建筑有以下优点。

(1) 标准化设计实际上是优化设计的过程，有利于保证结构安全性，更好地实现建筑功能以及降低成本。

(2) 钢结构构件的集成化可以减少现场焊接，减少焊接作业对防锈层的破坏点。

(3) 外围护系统的集成化可以提高质量，简化施工，缩短工期。

(4) 设备管线系统和内装系统的集成化以及集成化预制部品部件的采用，可以更好地提升功能、提高质量和降低成本。

4.1.2　装配式钢结构建筑的缺点

钢结构材料特点决定了装配式钢结构建筑也有一些弱点，如未采取防护措施的钢构件防火性能差、易锈蚀等。

(1) 耐火性能差。钢材在温度达到 150℃以上时需采用隔热层防护。用于有防火要求的钢构件需按建筑设计防火等级的要求采取防火措施。防火保护是钢结构建筑重要的成本构成。

(2) 耐腐蚀性差。钢材在潮湿环境中，特别是处于有腐蚀介质的环境中容易锈蚀，必须采取防腐措施，如涂刷防腐涂料或采用耐候钢。

(3) 多层和高层建筑的建造成本高。钢结构建筑单层厂房和低层装配式建筑在成本方面有优势，比钢筋混凝土建筑要低。在中国，钢结构主要用于工业厂房。在日本，钢结构主要用于别墅。但是多层和高层建筑中的钢结构与混凝土结构比较，建造成本要高一些。

(4) 高层钢结构住宅舒适度问题。高层钢结构属于柔性建筑，自振周期较长，易与风荷载波动中的短周期产生共振，因而风荷载对高层建筑有一定的动力作用。

钢结构高层住宅必须按照规范进行舒适度验算。钢结构高层住宅的舒适度问题可通过在设计中对侧移变形、风振舒适度的严格控制加以解决。为了满足舒适度与围护结构不损坏等要求，结构设计必须满足规定的顶点位移与层间位移限值要求。此外，考虑舒适度的要求及避免横向风振的发生，还应验算风荷载作用下的结构顶点加速度与临界风速等。

4.1.3　钢铁材料的发展

建筑的发展基于新材料的应用。现代建筑的问世，大跨度建筑和高层建筑的出现，框架结构、简体结构、网架结构等新结构形式的出现，都是由于有了钢铁。所以建筑材料是建筑革命的先行官。

钢铁是铁碳合金。钢铁的演进过程是生铁（铸铁）→熟铁（锻铁）→钢。

生铁是含碳量高于 2.11% 的铁碳合金；熟铁是含碳量低于 0.218% 的铁碳合金；钢材是含碳量在 0.218% 到 2.11% 之间的铁碳合金。铁碳合金按照含碳量由高到低排序是：生铁、钢材、熟铁；按照出现的先后排序是：生铁、熟铁、钢材。

生铁抗压强度高、质地坚硬、耐磨性好，但抗拉强度低、没有塑性，属于脆性材料，只能铸造，不能锻造，所以也叫作铸铁。

熟铁抗拉强度高，但抗压强度低、质地软、塑性好，可以锻造和拉制成铁丝，所以也叫作锻铁。钢材是各向同性材料，即抗拉强度与抗压强度一样，既坚硬又有塑性，是特别适合用于建筑的材料。

生铁的历史已经有四千多年。大约在公元前 2000 年，西亚的亚述人最先掌握了炼铁术，并垄断这一技术长达二百多年。铁是那个时代的"核武器"。在其他民族还使用石器或铜器时，垄断了炼铁术的亚述人得以统治中东地区数百年。几千年来，铁主要用于武器、农具、交通工具等，极少用于建筑。因为用木材炼铁代价较大，人们舍不得将它作为建筑材料，因此它在建筑中的应用仅限于城门、城堡吊桥铁索、囚室窗户栏杆和建筑上的装饰性配件。偶尔也会用铁建造建筑，中国现存世界上最早的生铁结构建筑已有 1 000 多年的历史。生铁问世约在 18 世纪 70 年代，由于煤炭炼铁大大降低了成本，因此英国开始将生铁用于构筑物和建筑，包括桥梁、屋顶结构、承重柱、花房等。19 世纪中叶出现了完全用生铁建造的大面积、大空间建筑。

生铁的脆性（抗拉强度低的特性）不能满足建筑结构对抗拉性的要求，特别是大跨度建筑和高层建筑的要求，由此，通过精炼出现了含碳量低的熟铁。熟铁是 19 世纪中叶问世的，19 世纪下半叶开始较多地用于建筑。但熟铁抗压强度低，也不适合用于建筑。1855 年，英国发明了贝氏转炉炼钢法；1865 年，法国发明平炉炼钢法并于 1870 年成功轧制出工字钢。自此，钢材问世，形成了工业化大批量生产钢材的能力，强度高且韧性好的钢材在建筑领域开始逐渐取代生铁熟铁，1890 年以后更成为金属结构的主要材料。1927 年钢材焊接技术的出现和 1934 年高强度螺栓的出现，极大地促进了钢结构建筑的发展。人类建筑进入了钢时代，钢结构建筑和以钢筋承担重要的抗拉、抗弯角色的钢筋混凝土建筑成为现代建筑的主角。

4.1.4　装配式钢结构建筑的历史沿革

　　钢结构建筑的源头是生铁（铸铁）结构建筑。中国是应用生铁建造建筑物和构筑物的先行者。世界上现存最早的铁结构建筑是建于 1061 年的中国湖北荆州玉泉寺八角形铁塔，高 17.9 m. 重 53.5 t，如图 4-1 所示。

图 4-1　湖北荆州玉泉寺铁塔

　　中国古代还用铁索造桥。云南澜沧江兰津铁索桥初建于 15 世纪末，现存铁索桥建于 1681 年。四川泸定大渡河铁索桥（图 4-2）建于 1705 年，宽 2.8 m，桥长 100 m。这两座铁索桥是世界上现存最早的铁索结构桥梁。

图 4-2　四川泸定大渡河铁索桥

　　欧洲从 18 世纪下半叶开始用铸铁建造桥梁和建筑，英国是先行者。最早的铁结构桥梁是跨度 30 m 的英国的塞文河桥，于 1779 年建成。最早用于建筑的生铁结构是建于 1786 年的巴黎法兰西剧院的屋顶。之后，生铁结构较多地用于桥梁、建筑物部分构件和花房。

生铁结构构件都是在铸造厂铸造制成的，所以铁结构构筑物和建筑物从诞生那天起就是装配式。

装配式铁结构建筑的第一座里程碑以及装配式建筑和现代建筑的第一座里程碑是建于1851年的英国水晶宫。水晶宫长564 m，宽124 m，所有铁柱和铁架都在工厂预先制作好，到现场进行组装。整个建筑所用玻璃都是124 cm×25 cm（当时所能生产的最大玻璃尺寸）。铸铁构件以124 cm为模数制作，达到高度的标准化和模数化，装配起来非常方便，只用了4个月就完成了展馆建设。铁结构建筑所能获得的大空间和非常短的建造工期满足了工业建筑与公共建筑的需要。19世纪，欧洲许多工业厂房和火车站采用铁结构。

装配式铁结构的另一座高层建筑的里程碑是埃菲尔铁塔（图4-3）。为纪念法国大革命100周年和1889年巴黎世博会召开，法国人希望建造一座能够反映法兰西精神和时代特征的纪念性建筑。项目委员会从700件投标作品中选中了埃菲尔设计的300 m高的铁塔方案。埃菲尔铁塔的建造建造在一片反对声中进行，历时2年2个月，于1889年3月31日竣工。正如埃菲尔为铁塔方案辩护时称的"为现代科学和法国工业争光"，埃菲尔铁塔（图4-4）获得了巨大成功，是人类建筑进入新时代的象征，是超高层建筑的第一个样板。

埃菲尔铁塔建成前3年（1886年），法国赠送美国的纽约自由女神像建成。自由女神像高46m，铁结构骨架由埃菲尔设计。自由女神像的装配式铁结构所达到的高度给美国高层建筑树立了样板。4年后（1890年），由芝加哥建筑学派先行者詹尼设计的芝加哥曼哈顿大厦（图4-4）建成。这座16层的住宅是世界上第一栋高层装配式钢铁结构建筑，保留至今，是高层建筑的又一个里程碑。曼哈顿大厦不仅是当时最高的建筑，建筑风格也焕然一新，立面不像之前的砖石建筑那么厚重烦琐，窗户大，简洁明快。

图4-3　铁结构构筑物——巴黎埃菲尔铁塔　　　图4-4　芝加哥曼哈顿大厦——铁结构

19世纪后半叶，钢铁结构建筑的材质从生铁到熟铁到钢材，进入快节奏发展期。

进入 20 世纪后，钢铁结构建筑更是进入高速发展时代。

现代装配式钢铁结构技术发源与材料应用起始于欧洲，在美国得以发扬光大。1913 年建成的纽约伍尔沃斯大厦高 241 m，使用铆接钢结构与石材外墙，如图 4-5 所示。这么高的建筑在当时是惊天之举。那时纽约绝大多数建筑只有五六层楼，有几栋高层建筑也不超过 100 m，伍尔沃斯大厦拔地而起高耸入云，非常震撼。

自伍尔沃斯大厦建成之后，摩天大厦越来越多，高度不断被刷新。现在世界上最高的建筑是迪拜的哈利法塔，高度已经达到 828 m，如图 4-6 所示。摩天大厦大多是装配式钢结构建筑。钢结构建筑物的高度比混凝土结构可高出 1.5 倍以上。

图 4-5　第一座摩天大厦——
伍尔沃斯大厦（241 m）

图 4-6　世界最高建筑——迪拜
哈利法塔（828 m）

下面从装配式角度介绍几个有特点的钢结构建筑。

1967 年加拿大蒙特利尔世界博览会美国馆是个被称作生物圈的球形构造物（图 4-7），设计者是美国著名建筑师、工程师布克敏斯特·富勒。富勒 1949 年发明了网架结构，蒙特利尔生物圈是网架结构的扩展。这座"几何球"直径 76 m，高 41.5 m，没有任何支撑柱，完全靠金属球形网架自身的结构张力维持稳定。

网架结构现在广泛用于机场、体育馆、展览馆等大空间公共建筑，图 4-8 是展览馆网架结构屋面。网架结构也是现在流行的非线性建筑的结构依托之一。

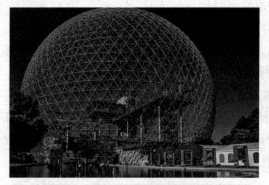

图 4-7　蒙特利尔世界博览会美国馆

图 4-8　展览馆网架结构屋面

1977 年建成的巴黎蓬皮杜艺术中心（图 4-9）是世界另一著名建筑，也是将装配式理念贯彻得非常坚决的钢结构建筑。从装配式的角度看，蓬皮杜艺术中心的主要特点是：第一、结构构件装配连接非常简单，连接节点是一个筒，结构构件插入筒里，筒与构件有销孔，插入销子即可；第二、设备管线系统也是集成化装配式的；第三、把结构、设备与管线系统视为建筑美学元素，将它们彻底裸露，甚至电动扶梯运行时缆索的移动都是可见的，如图 4-10 所示。

图 4-9　蓬皮杜艺术中心

图 4-10　电动扶梯管道

美国科罗拉多州空军学院小教堂（图 4-11、图 4-12）被誉为"建筑艺术的极品"，由 SOM 设计，于 1962 年建成。教堂高 46 m，用 17 个尖塔构成；每个尖塔是"人"字形结构，由 100 个不规则四面体组成；四面体由表面铝板加上钢管装配而成。四面体之间是彩色玻璃面板，反射出耀眼的光芒。

图 4-11　科罗拉多州
空军学院小教堂

图 4-12　科罗拉多州
空军学院小教堂内部

东京国际会议中心（图 4-13）是一座非常精彩的装配式钢结构建筑，巧妙地将结构逻辑与美学结合，将装配式的精致与建筑艺术的精湛融为一体，给人以结构就是艺术、装配式就是艺术的深刻印象。

美国德克萨斯州阿灵顿的牛仔体育场（图 4-14）是非常著名的装配式钢结构建筑，于 2009 年建成。这座可容纳 10 万人的体育场面积为 28 万平方米，长约 400 m。这么大的空间，屋顶不仅没有柱梁支撑，还可以自由开启。两道钢结构析架拱是活动屋顶的支撑，也是这座建筑的亮点。

图 4-13　东京国际会议中心

图 4-14　阿灵顿牛仔体育场

4.1.5　中国装配式钢结构的发展历史

中国虽然早在一千多年前就建造了铁塔，但现代钢结构建筑的应用却远远落后于欧美。

中国最早的钢结构高层建筑是建于 1934 年的上海国际饭店（图 4-15），由匈牙利建筑师拉斯洛·邹达克设计，地上共 24 层，高 83.8 m。

图 4-15　上海国际饭店

　　20 世纪 80 年代改革开放后，由于钢产量增加、大规模建筑的需求和对国外钢结构技术与设备的引进，中国钢结构建筑才真正发展起来。

　　进入 20 世纪 90 年代，中国装配式钢结构建筑获得了突飞猛进的发展。1990 年建成的深圳发展中心大厦（图 4-16）是我国第一栋超高层钢结构的建筑，主体结构高 146 m。1995 年建成的上海东方明珠电视塔（图 4-17）高 468 m，是当时中国最高的构筑物，为后来更高的钢结构建筑积累了经验。

图 4-16　深圳发展中心大厦

图 4-17　上海东方明珠电视塔

　　20 世纪 90 年代后，各种钢结构建筑（如网架结构，网壳结构，空间结构，拱、钢架组成的混合结构体系，钢和混凝土混合结构，悬索结构，以及以门式钢架、拱形波纹屋顶为代表的轻钢结构等）登台亮相，中国钢结构建筑技术逐步走向成熟。

　　随着经济持续快速发展，我国钢结构建筑进入了快速发展阶段，钢产量居世界首位，目前钢产量约占全世界总产量的一半。

　　21 世纪，中国建造了许多世界著名的钢结构建筑，包括国家大剧院、首都机场 T3

航站楼、上海中心、北京中国尊（图 4-18）和北京奥运会主会场（图 4-19）等。上海中心大厦建筑面积为 43.39 万平方米，共 118 层，总高 632 m。2008 年北京奥运会主体育场主体建筑呈空间马鞍椭圆形，是目前世界上跨度最大的单体钢结构工程。其他新结构形式和技术（如钢板剪力墙结构、张悬染、张悬析架预应力钢结构、钢结构住宅等）也不断出现，并得到快速发展。

图 4-18　北京中国尊

图 4-19　北京奥运会主会场

目前，中国钢结构企业的规模、工艺和设备先进化程度已经进入了国际先进行列，技术与管理水平也在大幅度提高。

4.1.6 装配式钢结构建筑的类型

1. 按建筑高度分类

按高度分类，装配式钢结构建筑有单层装配式钢结构工业厂房，低层、多层、高层、超高层装配式钢结构建筑。

2. 按结构体系分类

按结构体系分类，装配式钢结构建筑有框架结构、框架-支撑结构、框架-延性墙板结构、框架-筒体结构、筒体结构、巨型框架结构、门式钢架轻钢结构、大跨空间结构以及交错桁架结构等。

3. 按结构材料分类

按结构材料分类，装配式钢结构建筑有钢结构、钢-混凝土组合结构等。

4.1.7 装配式钢结构建筑结构体系及适用范围

1. 钢框架结构

钢框架结构是钢梁和钢柱或钢管混凝土柱刚性连接，具有抗剪和抗弯能力的结构，如图 4-20 所示。钢管混凝土柱是在钢管柱中填充混凝土，钢管与混凝土共同承受荷载作用的构件。刚性连接是结构受力变形后梁柱夹角不变的节点。装配式钢框架结构采用螺栓连接时，应特别注意连接刚性的实现。

钢框架结构适用的建筑包括住宅、医院、商业、办公、酒店等民用建筑。27 层的北京长富宫饭店为钢框架结构，总高 94 m，如图 4-21 所示。

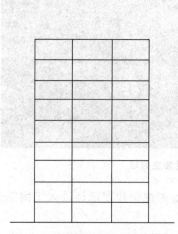

图 4-20 钢框架结构形式示意图

图 4-21 北京长富宫饭店

2. 钢框架-支撑结构

钢框架-支撑结构是指由钢框架和钢支撑构件组成，能共同承受竖向、水平作用的结构。钢支撑分为中心支撑、偏心支撑和屈曲约束支撑等。

　　钢框架-支撑结构在钢框架结构的基础上，通过在部分框架柱之间布置支撑来提高结构承载力及侧向刚度，建筑适用高度比框架结构更高。钢框架-支撑结构适用于高层及超高层办公、酒店、商务楼、综合楼等建筑。例如，芝加哥汉考克中心的四个立面上各设置了 5.5 个 18 层高的 X 形钢支撑，节点处设置了水平系杆，大大提高了建筑的刚度，如图 4-22 所示。

图 4-22　芝加哥汉考克中心

　　（1）钢框架-中心支撑结构

　　在部分框架柱之间布置的支撑构件两端均位于梁柱节点处，或一端位于梁柱节点处，一端与其他支撑杆件相交。中心支撑的特点是支撑杆件的轴线与梁柱节点的轴线相交于一点，形成钢框架-中心支撑结构体系。中心支撑形式包括单斜杆支撑、交叉支撑、人字形支撑、V 形支撑、跨层交叉支撑和带拉链杆支撑等，柱间中心支撑方式如图 4-23 所示。高层民用建筑钢结构的中心支撑不得采用 K 形斜杆支撑，如图 4-23（e）所示。钢框架-中心支撑结构适用高度比其他钢框架支撑结构低 20～30 m。

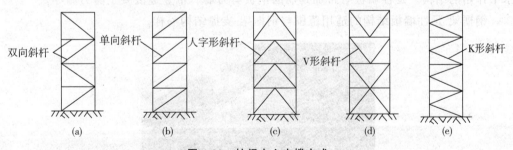

图 4-23　柱间中心支撑方式

　　（2）钢框架-偏心支撑结构

　　支撑杆件的轴线与梁柱的轴线不是相交于一点，而是偏离了一段距离，形成一个先于支撑构件屈服的"耗能梁段"。偏心支撑包括人字形偏心支撑、V 形偏心支撑、八字形偏心支撑和单斜杆偏心支撑等，如图 4-24 所示。

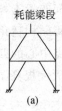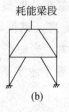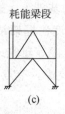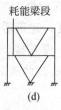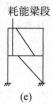

图 4-24　偏心支撑布置形式

（3）钢框架-屈曲约束支撑结构

将支撑杆件设计成约束屈曲消能杆件（图 4-25），以吸收和耗散地震能量，减小地震反应。在部分框架柱之间布置的约束屈曲支撑就形成了钢框架-屈曲约束支撑结构。

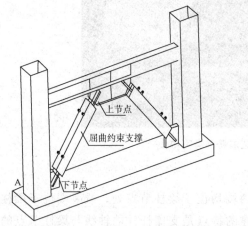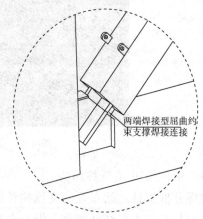

图 4-25　约束屈曲消能杆件

3. 钢框架-延性墙板结构

钢框架-延性墙板结构是由钢框架和延性墙板（图 4-26）组成，能共同承受竖向、水平作用的结构。延性墙板有带加劲筋的钢板剪力墙、带竖缝混凝土剪力墙等。

钢框架-延性墙板结构的适用范围与钢框架-支撑结构一样。

图 4-26　延性钢板

4. 交错桁架结构

交错桁架结构示意图如图 4-27 所示。

交错桁架结构体系是麻省理工学院 20 世纪 60 年代中期开发的一种新型结构体系，主要适用于中高层住宅、旅馆、办公楼等平面为矩形或由矩形组成的钢结构建筑。交错桁架结构由框架柱、平面桁架和楼面板组成。框架柱布置在房量外围，中间无柱；桁架在两个垂直方向上相邻上下层交错布置。交错桁架结构可获得两倍柱距

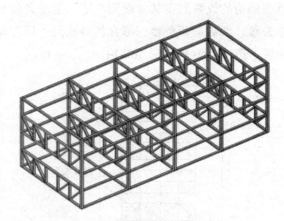

图 4-27　交错桁架结构示意图

的大开间，在建筑上便于自由布置；在结构上便于采用小柱距和短跨楼板，减小楼板板厚，由于没有梁，因此可节约层高。

5. 筒体结构

筒体结构是因此由竖向筒体为主组成的承受竖向和水平作用的建筑结构。筒体结构包括框筒、筒中筒、桁架筒、束筒结构，主要适用于超高层办公楼、酒店、商务楼、综合楼等建筑。美国帝国大厦采用的是钢结构的筒中筒结构。美国西尔斯大厦（图 4-28）采用的是钢框架束筒结构体系，共 110 层，高 443 m。

图 4-28　西尔斯大厦——束筒结构

6. 巨型结构

巨型结构是指用巨柱、巨梁和巨型支撑等巨型杆件组成空间桁架，相邻立面的支撑交汇在角柱，形成巨型空间桁架。巨型框架用筒体（实腹筒或架筒）做成巨型

柱，用高度很大（一层或几层楼高）的箱型构件或桁架做巨型梁，形成巨型结构。巨型结构的设防烈度从 6 度到 9 度，适用高度从 180 m 到 300 m，主要适用于超高层办公楼、酒店、商务楼、综合楼等建筑，巨型结构示意图如图 4-29 所示。上海金茂大厦（图 4-30）即为巨型结构。

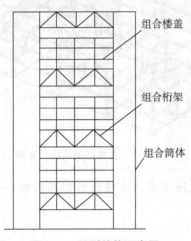

图 4-29　巨型结构示意图

图 4-30 上海金茂大厦

7. 大跨空间结构

横向跨越 60 m 以上空间的各类结构可称为大跨度空间结构。常用的大跨度空间结构形式包括壳体结构、网架结构、网壳结构、悬索结构、张弦梁结构等。大跨空间结构建筑适应于机场、博览会、展览中心、体育场馆等大空间民用建筑，如我国深圳宝安国际机场（图 4-31）等。

图 4-31　深圳宝安国际机场

8. 门式钢架结构

门式钢架结构是指承重采用变截面或等截面实腹钢架的单层房屋结构。门式钢架结构采用按构件受力大小而变截面的工字形梁、柱组成框架，在平面内受力，而平面外采用支撑、檩条和墙梁等连接。门式钢架结构适用于各种类型的厂房、仓库、超市、批发市场、小型体育馆、训练馆和小型展览馆等建筑。门式钢架轻钢结构示意图如图

4-32 所示。

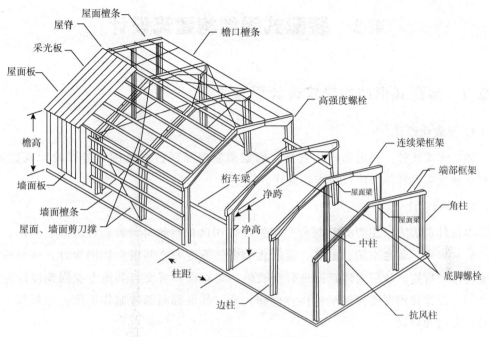

图 4-32   门式钢架轻钢结构示意图

9. 低层冷弯薄壁型钢结构

低层冷弯薄壁型钢结构是以冷弯薄壁型钢为主要支撑构件，不高于 3 层，沿口高度不大于 12m 的低层房屋结构。冷弯薄壁型钢结构采用板件厚度小、板件宽厚比很大的小截面冷弯型钢构件作为受力构件，利用型钢构件屈曲后的有效截面受压。冷弯薄壁型钢杆件在低多层建筑中通常作为钢龙骨使用，按照一定的模数紧密布置，钢龙骨之间设置连接和支撑体系，钢龙骨两侧按照结构板材、保温层、隔热层、装饰层等功能层形成墙体和楼板，适用于低层住宅、别墅、普通公用建筑等。采用冷弯薄壁型钢结构的别墅，如图 4-33 所示。

图 4-33   采用冷弯薄壁型钢结构的别墅

4.2　装配式钢结构建筑设计

4.2.1　装配式钢结构建筑设计要点

1. 集成化设计

通过方案比较，做出集成化安排，确定预制部品部件的范围，进行设计或选型；做好集成式部品部件的接口或连接设计。

2. 协同设计

由设计负责人（主要是建筑师）组织设计团队进行统筹设计，在建筑、结构、装修、给水排水、暖通空调、电气、智能化和燃气等专业之间进行协同设计。按照相关国家标准的规定，装配式建筑需进行全装修，装修设计需要与其他专业同期设计并做好协同。设计过程需要与钢结构构件制作厂家、其他部品部件制作厂家、工程施工企业进行互动和协同。

3. 模数协调

装配式钢结构设计的模数协调包括确定建筑开间、进深、层高、洞口等的优先尺寸，确定水平和竖向模数，扩大并确定公差，按照确定的模数进行布置与设计。

4. 标准化设计

对进行具体工程设计的设计师而言，标准化设计主要是指选用现成的标准图、标准节点和标准部品部件。

5. 建筑性能设计

建筑性能包括适用性能、安全性能、环境性能、经济性能和耐久性能等。对钢结构建筑而言，最重要的性能包括防火、防锈蚀、隔声、保温、防渗漏和保证楼盖舒适度等。装配式结构建筑的建筑性能设计依据与普通钢结构建筑一样，在具体设计方面，需要考虑装配式建筑集成部品部件及其连接节点与接口的特点和要求。

6. 外围护系统设计

外围护系统设计是装配式钢结构建筑设计的重点环节。确定外围护系统需要在方案比较和设计上格外下功夫。

7. 其他建筑构造设计

装配式钢结构建筑特别是住宅的建筑与装修构造设计对使用功能、舒适度、美观度、施工效率和成本影响较大，如钢结构隔声问题（柱、梁构件的空腔需通过填充、包裹与装修等措施阻断声桥，隔墙开裂问题（隔墙与主体结构宜采用脱开（柔性）的连接方法），等等。

8. 选用绿色建材

装配式建筑需要选用绿色建材和绿色建材制作的部品部件。

4.2.2　建筑平面与空间

装配式钢结构建筑的建筑平面与空间设计应符合以下要求。

（1）应满足结构构件布置、立面基本元素组合及可实施性的要求。

（2）应采用大开间、大进深、空间灵活可变的结构布置方式。

（3）平面设计需要符合下列规定。

①结构柱网布置、抗侧力构件布置、次梁布置应与功能空间布局及门窗洞口协调。

②平面几何形状宜规则平整，并宜以连续柱跨为基础布置，柱距尺寸应按模数统一。

③设备管井应与楼电梯结合，集中设置。

（4）立面设计应符合下列要求。

①外墙、阳台板、空调板、外窗、遮阳设施及装饰等部品部件进行标准化设计，图 4-34 为外墙、外窗等集成装配实例。

图 4-34　外墙、外窗等集成装配实例

②通过建筑体量、材质肌理、色彩等变化，形成丰富的立面效果。

（5）需要根据建筑功能、主体结构、设备管线及装修要求，确定合理的层高及净高尺寸。

4.2.3　建筑形体与建筑风格

在人们的印象中，相对简洁的造型加上玻璃幕墙表皮是钢结构建筑的"标配"。图4-35所示的美国911事件后重建的纽约世贸中心——曼哈顿自由塔，就是这种建筑风格的典型代表。

图4-36是日本大阪火车站大型商业综合体，使用钢结构建筑与预制混凝土石材反打外挂墙板，显现了另一种沉稳的风格。

图 4-35　曼哈顿自由塔　　　　　　　图 4-36　大阪商业综合体

钢结构在实现复杂建筑形体方面有着非常大的优势。对于像弗兰克、盖里、扎哈·哈迪德和马岩松等人，设计的毫无规律可言的作品，钢结构可以应对自如。对于复杂造型，可先在主体结构扩展出二次结构作为建筑表皮的支座，再以三维数字化技术应用在设计、制作与安装过程中。

图4-37是马岩松设计的哈尔滨大剧院。它是钢结构非线性建筑，表皮为金属板，局部是清水混凝土预制墙板和GRC板。

图 4-37　哈尔滨大剧院

4.3　装配式钢结构建筑结构设计

装配式钢结构建筑的结构设计与普通钢结构的结构设计所依据的国家标准与行业标准、基本设计原则、计算方法、结构体系选用、构造设计和结构材料选用等都一样。装配式钢结构建筑的国家标准《装配式钢结构建筑技术标准》（GB/T 51232）关于结构设计主要强调集成和连接节点等要求。

4.3.1　结构设计要点

1. 钢材选用

装配式钢结构建筑钢材的选用与普通钢结构建筑一样，《钢结构设计规范》《高层民用建筑钢结构技术规程》等钢结构的规范都有详细规定。

（1）多层和高层建筑梁、柱、支撑宜选用能高效利用截面刚度、代替焊接截面的各类高效率结构型钢（冷弯或热轧各类型钢），如冷弯矩型钢管（图 4-38）、热轧 H 形钢梁（图 4-39）等。

图 4-38　冷弯矩型钢管

图 4-39　热轧 H 形钢梁

（2）装配式低层型钢建筑可借鉴美国、日本等国家的经验，采用冷弯薄壁型钢或冷弯型钢等。

2. 结构体系

装配式钢结构建筑可根据建筑功能、建筑高度、抗震设防烈度等，选择钢框架结构、钢框架-支撑结构、钢框架-延性墙板结构、筒体结构、巨型结构、交错桁架结构、门式钢架结构、低层冷弯薄壁型钢结构等结构体系，且需符合下列规定。

（1）具有明确的计算简图和合理的传力路径。

（2）具有适宜的承载能力、刚度及耗能能力。

（3）避免因部分结构或构件的破坏导致整体结构丧失承受重力荷载、风荷载及地震作用的能力。

（4）对薄弱部位需采取有效的加强措施。

3. 结构布置

装配式钢结构建筑的结构布置需符合下列规定。

（1）结构平面布置宜规则、对称。

（2）结构竖向布置宜保持刚度、质量变化均匀。

（3）结构布置应考虑温度作用、地震作用或不均匀沉降等效应的不利影响，当设置伸缩缝、防震缝或沉降缝时，应满足相应的功能要求。

4. 适用的最大高度

《装配式钢结构建筑技术标准》（GB/T 51232—2016）给出的多高层装配式钢结构建筑适用的最大高度如表 4-1 所示。此表与《建筑抗震设计规范》和《高层民用建筑钢结构技术规程》的规定比较，多出了交错桁架结构适用的最大高度，其他结构体系适用的最大高度都一样。

表 4-1　多高层装配式钢结构适用的最大高度（单位：m）

结构体系	6 度 (0.05g)	7 度		8 度		9 度 (0.40g)
		(0.10g)	(0.15g)	(0.20g)	(0.30g)	
钢框架结构	110	110	90	90	70	50
钢框架-中心支撑结构	220	220	200	180	150	120
钢框架-偏心支撑结构 钢框架-屈曲约束支撑结构 钢框架-延性墙板结构	240	240	220	200	180	160
筒体（框筒、筒中筒、桁架筒、束筒）结构 巨型结构	300	300	280	260	240	180
交错桁架结构	90	60	60	40	40	

5. 高宽比

多高层高层装配式钢结构建筑的高宽比与普通钢结构建筑完全一样，如表 4-2 所示。

表 4-2　多高层装配式钢结构适用的最大高宽比

6 度	7 度	8 度	9 度
6.5	6.5	6.0	5.5

6. 层间位移角

《装配式钢结构建筑技术标准》（GB/T 51232—2016）规定：在风荷载或多遇地震标准值作用下，弹性层间位移角不宜大于 1/250。这一点与《高层民用建筑钢结构技术规程》的规定一样。采用钢管混凝土柱时，弹性层间位移角不宜大于 1/300。

装配式钢结构住宅在风荷载标准值作用下的弹性层间位移角不应大于 1/300，屋顶水平位移与建筑高度之比不宜大于 1/450。

7. 风振舒适度验算

关于风振舒适度验算，《装配式钢结构建筑技术标准》（GB/T 51232—2016）规定：高度不小于 80 m 的装配式钢结构住宅以及高度不小于 150 m 的其他装配式钢结构建筑应进行风振舒适度验算。而《高层民用建筑钢结构技术规程》只规定对高度不小于 150 m 的钢结构建筑应进行风振舒适度验算。具体计算方法和风振加速度取值两个规范的规定一样。《装配式钢结构建筑技术标准》关于计算舒适度时的结构阻尼比取值的规定：对房屋高度为 80～100 m 的钢结构阻尼比取 0.015；对房屋高度大于 100 m 的钢结构阻尼比取 0.01。

4.3.2　钢框架结构设计

《装配式钢结构建筑技术标准》关于装配式钢框架结构设计规定，除了要求符合国家现行有关标准和《高层民用建筑钢结构技术规程》外，还强调了连接节点。

1. 梁柱连接

（1）梁柱连接可采用带悬臂梁段、翼缘焊接腹板栓接或全焊接连接形式，如图 4-40（a）和图 4-40（b）所示。

（2）抗震等级为一、二级时，梁与柱的刚接宜采用加强型连接，如图 4-40（c）和图 4-40（d）所示。

（3）当有可靠依据时，也可采用端板螺栓连接的形式，如图 4-40（e）所示。

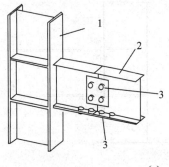

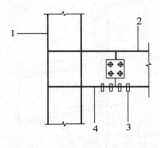

(a)

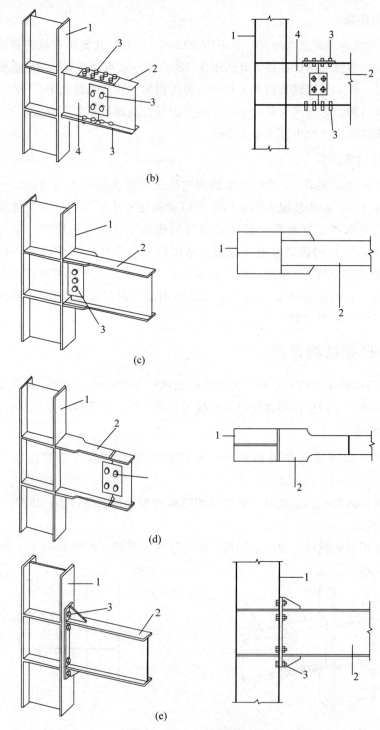

图 4-40 梁柱连接节点

（a）带悬臂梁段的栓焊连接；（b）带悬臂梁段的螺旋连接；

（c）梁翼缘局部加宽式连接；（d）梁翼缘扩翼式连接；（e）外伸式端板螺栓连接

1——柱；2——梁；3——高强度螺栓；4——悬臂段

2. 钢柱拼接

钢柱拼接可以采用焊接方式，如图 4-41 所示；也可以采用螺栓连接方式，如图 4-42 所示。

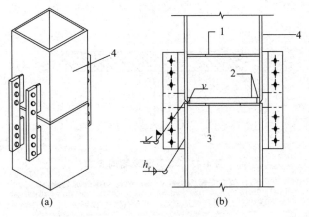

（a）　　　　　　　　　　（b）

图 4-41　箱型柱的焊接拼接连接

（a）轴测图；（b）俯视图

1——上柱隔板；2——焊接衬板；3——下柱顶端隔板；4——柱

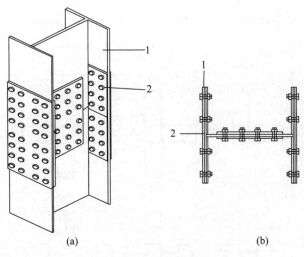

（a）　　　　　　　　　　（b）

图 4-42　H 形柱的螺栓拼接连接

（a）轴测图；（b）俯视图

1——柱；2——高强度螺栓

3. 梁翼缘侧向支撑

在有可能出现塑性铰处，梁的上下翼缘均应设置侧向支撑，如图 4-43 所示。当钢梁上铺设装配整体式或整体式楼板且进行可靠连接时，上翼缘可不设侧向支撑。

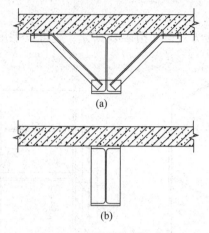

图 4-43　梁下翼缘侧向支撑

（a）侧向支撑为隔杆；（b）侧向支撑为加劲筋

4. 异形组合截面

框架柱截面可采用异形组合截面，常见的组合截面如图 4-44 所示。

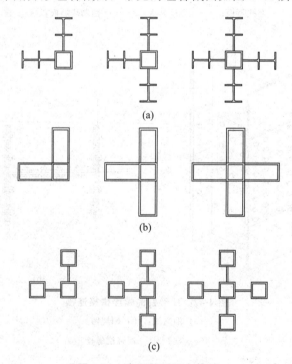

图 4-44　常用异形组合截面

（a）H 形-矩形组合截面；（b）矩形异型柱（墙）组合截面；（c）矩形组合截面

4.4.3　钢框架—支撑结构设计

1. 中心支撑

高层民用钢结构的中心支撑应采用以下支撑方式，如图 4-45 所示。

（1）十字交叉斜杆支撑，如图 4-46 所示。

（2）单斜杆支撑，如图 4-47 所示。

（3）人字形斜杆支撑或 V 形斜杆支撑。

（4）不得采用 K 形斜杆体系。

中心支撑斜杆的轴线应交汇于框架梁柱的轴线上。

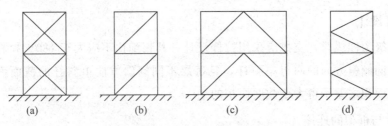

图 4-45　中心支撑类型

（a）十字交叉斜杆支撑；（b）单斜杆支撑；（c）人字形斜杆支撑；（d）K 形斜杆体系

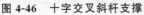

图 4-46　十字交叉斜杆支撑

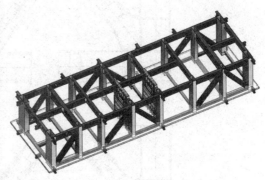

图 4-47　单斜杆支撑

2. 偏心支撑

偏心支撑框架中的支撑斜杆需至少有一端与梁连接，并在支撑与梁交点和柱之间，或在支撑同一跨内的另一支撑与梁交点之间形成消能梁段，如图 4-48 所示。

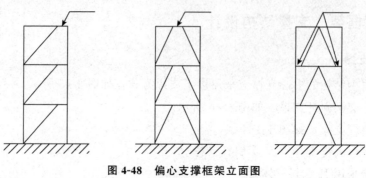

图 4-48　偏心支撑框架立面图

1—消能紧段

3. 拉杆设计

抗震等级为四级时，支撑应采用拉杆设计，其长细比不应大于 180。拉杆设计的支撑同时设不同倾斜方向的两组单斜杆，且每层不同倾斜方向单斜杆的截面面积在水平方向的投影面积之差不得大于截面面积的 10%。

4. 支撑与框架的连接

当支撑翼缘朝向框架平面外采取支托式连接时，其平面外计算长度可取轴线长度的 0.7 倍，如图 4-49（a）和图 4-49（b）所示；当支撑腹杆位于框架平面内时，其平面外计算长度可取轴线长度的 0.9 倍，如图 4-49（c）和图 4-49（d）所示。

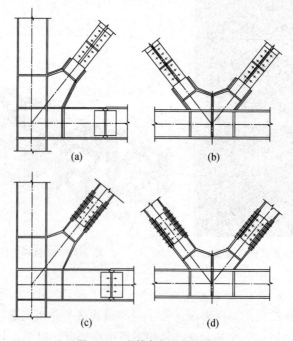

(a)　　　　　　　　　(b)

(c)　　　　　　　　　(d)

图 4-49　支撑与框架的连接

（a）、（b）平面外计算长度可取轴线长度的 0.7 倍；（c）、（d）其平面外计算长度可取轴线长度的 0.9 倍

5. 节点板连接

当支撑采用节点板进行连接时，在支撑端部与节点板约束点连线之间应留有 2 倍节点板厚的间隙，节点板约束点连线应与支撑杆轴线垂直，且应进行支撑与节点板间的连接强度验算、节点板自身的强度和稳定性验算、连接板与梁柱间焊缝的强度验算，如图 4-50 所示。

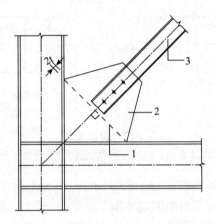

图 4-50 组合支撑杆件端部与单节点板的连接

1——约束点连接；2——单节点板；3——支撑杆；t——节点板的厚度

4.3.4 钢框架-延性墙板结构设计

钢板剪力墙的种类包含非加劲钢板剪力墙、加劲钢板剪力墙、防屈曲钢板剪力墙、钢板组合剪力墙及开缝钢板剪力墙等类型。

当采用钢板剪力墙时，应计入竖向荷载对钢板剪力墙性能的不利影响。当采用竖缝钢板剪力墙且房屋层数不超过 18 层时，可不计入竖向荷载对竖缝钢板剪力墙性能的不利影响。

4.3.5 交错桁架结构设计

交错桁架钢结构设计应符合下列规定。

（1）当横向框架为奇数格时，应控制层间刚度比；当横向框架设置为偶数格时，应控制水平荷载作用下的偏心影响。

（2）交错桁架可采用混合桁架和空腹桁架两种形式，设置走廊处可不设斜杆，如图 4-51 所示。

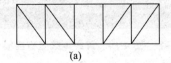
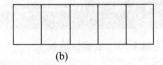

图 4-51 桁架形式

（a）混合桁架；（b）空腹桁架

（3）当底层局部无落地桁架时，应在底层对应轴线及相邻两侧设置横向支撑（图 4-52），横向支撑不宜承受竖向荷载。

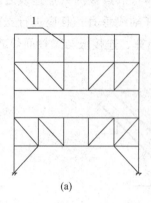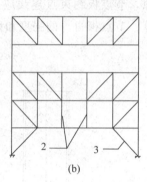

图 4-52　横向支撑

（a）第二层设桁架时支撑做法；（b）第三层设桁架时支撑做法

1——支撑；2——吊杆；3——立柱

（4）交错桁架的纵向可采用钢框架结构、钢框架-支撑结构、钢框架-延性墙板结构或其他可靠的结构形式。

4.3.6　构件连接设计

装配式钢结构建筑构件之间连接应符合下列规定。

（1）抗震设计时，连接设计应符合构造要求，并按弹塑性设计；连接的极限准能大于构件的全塑性承载力。

（2）装配式钢结构建筑构件的连接应采用螺栓连接，也可采用焊接，如图 4-53 所示。

（3）有可靠依据时，梁柱可采用全螺栓的半刚性连接，如图 4-54 所示。

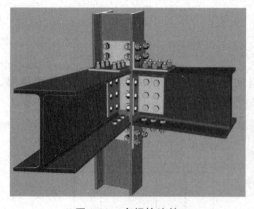

图 4-53　全螺栓连接　　　　　　　　图 4-54　翼缘焊接腹板栓接

4.3.7　楼板设计

（1）装配式钢结构建筑的楼板可选用工业化程度高的压型钢板组合楼板（图 4-55）、钢筋桁架组合楼板（图 4-56）、预制钢筋混凝土叠合楼板（图 4-57）和预制预应力空心楼板（图 4-58）等。

（2）楼板应与主体结构可靠连接，保证楼盖的整体牢固性。

图 4-55　压型钢板组合楼板

图 4-56　钢筋桁架组合楼板

图 4-57　预制钢筋混凝土叠合楼板

图 4-58　预制预应力空心楼板

（3）抗震设防烈度为 6 度、7 度且房屋高度不超过 50 m 时，可采用装配式楼板（全制楼板）或其他轻型楼盖，但应采取下列措施之一保证楼板的整体性：①设置水平支撑；②采取有效措施保证预制板之间的可靠连接。

（4）装配式钢结构建筑可采用装配整体式楼板（叠合楼板），但应适当降低建筑的最大适用高度。

4.3.8　楼梯设计

装配式钢结构建筑的楼梯宜采用装配式预制钢筋混凝土楼梯（图 4-59）或钢楼梯。楼梯与主体结构宜采用不传递水平作用的连接形式。

图 4-59　装配式预制钢筋混凝土楼梯

4.3.9　地下室与基础设计

装配式钢结构建筑地下室和基础设计应符合如下规定。

（1）当建筑高度超过 50 m 时，宜设置地下室；当采用天然地基时，其基础埋置深度不宜小于房屋总高度的 1/15；当采用桩基时，桩承台埋深不宜小于房屋总高度的 1/20。

（2）设置地下室时，竖向连续布置的支撑与延性墙板等抗侧力构件应延伸至基础。

（3）当地下室不少于两层且嵌固端在地下室顶板时，延伸至地下室底板的钢柱脚可采用铰接或刚接。

4.3.10　结构防火设计

钢结构构件防火主要有两种方式：涂刷防火涂料和用防火材料干法被覆。目前国内钢结构建筑应用最多的是涂刷防火涂料。装配式钢结构建筑提倡干法施工，干法被覆方式是发展方向。目前钢结构建筑约有 30% 采用干法被覆防火，其中硅酸钙板约占 40%。硅酸钙板防火被覆可以做成装饰一体化板，如图 4-60 所示。钢结构防火也可从钢材本身解决，即研发并应用耐火钢。

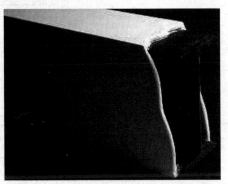

图 4-60　钢结构硅酸钙板被覆防火构造

4.4　装配式钢结构建筑生产与运输

4.4.1　生产工艺分类

不同的装配式钢结构建筑，生产工艺、自动化程度和生产组织方式各不相同。大体上可以把装配式钢结构建筑的构件制作工艺分为以下几个类型。

（1）普通钢结构构件制作：生产钢柱、钢梁、支撑、剪力墙板、桁架和钢结构配件等。

（2）压型钢板及其复合板制作：生产压型钢板、钢筋桁架楼承板、压型钢板-保温复合墙板与屋面板等。

（3）网架结构构件制作：生产平面或曲面网架结构的杆件和连接件。

（4）集成式低层钢结构建筑制作：生产和集约钢结构在内的各个系统（建筑结构、外围护、内装、设备管线系统的部品部件与零配件）。

（5）低层冷弯薄壁型钢建筑制作：生产低层冷弯薄壁型钢建筑的结构系统与外围护系统部品部件。

4.4.2　一般钢结构构件制作工艺

普通钢结构构件制作工艺包括钢材除锈、型钢校直、画线、剪裁、矫正、钻孔、清边、组装、焊接及防腐蚀处理等，如图 4-61 所示。

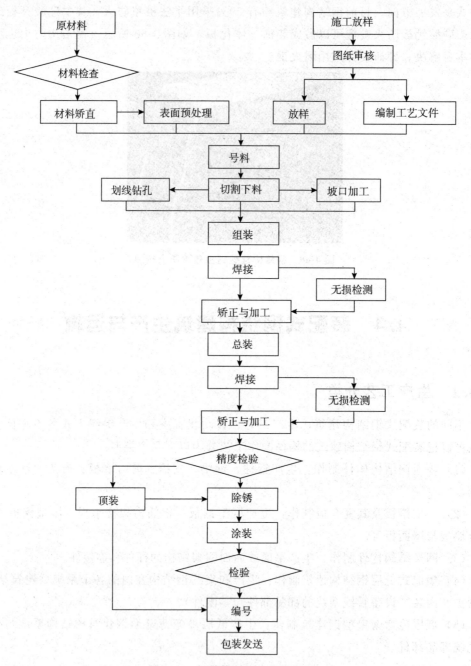

图 4-61　钢结构制作工艺流程图

4.4.3　一般钢结构构件制作主要设备

普通钢结构构件制作主要设备及用途见表 4-3，各设备如图 4-62 至图 4-65 所示。

表 4-3　一般钢结构构件制作主要设备

序号	设备名称	用途
1	数控火焰切割机	钢板切割
2	H 型钢矫正机	矫正
3	龙门式（双臂式）焊接机	焊接
4	H 型钢抛丸清理机	除锈
5	液压翻转支架	翻转
6	重型输送辊道	运输
7	重型移钢机	移动

图 4-62　H 型钢矫正机

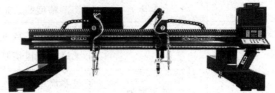

图 4-63　数控火焰切割机

图 4-64　龙门式焊接机

图 4-65　H 型钢抛丸清理机

4.4.4　一般钢结构构件制作内容

1. 钢材切割

钢材在下料划线后，需要按其所需的形状和尺寸进行切割，钢材的切割可以通过冲剪、切削、气体切割、锯切、摩擦切割和高温热源来实现。

（1）钢材切割方法

钢材的切割下料应根据钢材的截面形状、厚度及切割边缘的质量要求而采用不同的切割方法。目前，常用的切割方法有机械切割、气割、等离子切割三种，其使用设备、特点及适用范围见表 4-4。

表 4-4　各种切割方法分类比较

类别	使用设备	特点及适用范围
机械切割	剪板机型钢冲剪机	切割速度快，切口整齐，效率高；适用于薄钢板、压型钢板、冷弯檩条的切割
	无齿锯	切割速度快，可切割不同形状、不同对的各类型钢、管钢和钢板，切口不光洁，噪声大；适用于锯切精度要求较低的构件或下料留有余量最后尚需精加工的构件
	砂轮锯	切口光滑，生刺较薄易清除，噪声大，粉尘多；适用于切割薄壁型钢及小型钢管，切割材料的厚度不宜超过 4 mm
	锯床	切割精度高，适用于切割各类型钢及梁、柱等型钢构件
气割	自动切割	切割精度高且速度快，在其数控气割时可省去放样、划线等工序而直接切割；适用于钢板切割
	手工切割	设备简单，操作方便，费用低，切口精度差；能够切割各种厚度的钢材
等离子切割	等离子切割机	切割温度高，冲刷力大，切割边质量好、变形小；可以切割任何高熔点金属，特别是不锈钢、铝、铜及其合金等

在钢结构制造厂中，一般情况下，厚度在 12～16 mm 以下钢板的直线性切割常采用剪切。气割多用于带曲线的零件及厚板的切割。各类型钢以及钢管等下料通常采用锯割，但是对于一些中小型角钢和圆钢等也常采用剪切或气割的方法。等离子切割主要用于熔点较高的不锈钢材料及有色金属（如钢、铝等）材料的切割。

（2）机械切割

机械切割是一种高效率切割金属的方法，切口较光洁、平整。

①带锯机床。带锯机床适用于切断型钢及型钢构件，其优势体现在效率高、切割精度高。

②砂轮锯。砂轮锯适用于切割薄壁型钢及小型钢管，其切口光滑、生刺较薄、易清除，但噪声大，粉尘多。

③无齿锯。无齿锯是依靠高速摩擦而使工件熔化，形成切口，适用于精度要求较低的构件。其切割速度快，噪声大。

④剪切机、型钢冲切机。适用于薄钢板、压型钢板等。其具有切割速度快、切口

整齐、效率高等特点，但剪刀必须锋利，剪切时应调整刀片间隙。

（3）钢材气割

氧割和气割是以氧气与燃料燃烧时产生的高温来熔化钢材，并借喷射压力将熔渣吹去，造成割缝，达到切割金属的目的。但熔点高于火焰温度或难于氧化的材料，则不宜采用气割。氧与各种燃料燃烧时的火焰温度大约在 2 000 ℃～3 200 ℃。纯铁、低碳钢、中碳钢和普通低合金钢均可采用此种方法切割。

气割按切割设备不同，可分为手工气割、半自动气割、仿型气割、多头气割、数控气割和光电跟踪气割。气割设备灵活、费用低、切割精度高，是目前广泛使用的切割方法。

（4）钢材切割后的质量检查

①全数检查。钢材切割面或剪切面应无裂纹、夹渣、分层和大于 1 mm 的缺棱。

②检查方法。观测或用放大镜及百分尺检查，当存在疑义时做渗透、磁粉或超声波探伤检查。

2. 钢材冲裁

对成批生产的构件或定型产品，应采用冲裁下料法，这样不仅可提高生产效率，还能保证产品质量。

常用的冲床有曲轴冲床和偏心冲床两种。由于冲床的技术参数对冲裁工作影响很大，所以选择冲床时应根据技术参数进行。

3. 钢材成型加工

在钢结构制作中，成型加工主要包括弯曲、卷板（滚圆）、边缘加工、折边和模具压制五种加工方法。其中弯曲、卷板（滚圆）和模具压制等工序都涉及热加工和冷加工。

（1）钢材热加工

把钢材加热到一定温度后进行加工的方法通称热加工。

常用的加热方法有两种：一种是利用乙炔火焰进行局部加热，这种方法简便，但是加热面积较小；另一种是放在工业炉内加热，它虽然没有前一种方法简便，但是加热面积大，并且可以根据结构构件的大小来砌筑工业炉。

（2）钢材冷加工

钢材在常温下进行加工制作通称冷加工。在钢结构制作中，冷加工的项目很多，有剪切、铲、刨、辊、压、冲、钻、撑、敲等工序。这些工序大多数是利用机械设备和专用工具进行的。在钢结构制作过程中，钢材冷加工主要有两种基本类型：

第一种是作用于钢材单位面积上的外力超过材料的屈服强度而小于其极限强度，不破坏材料的连续性，但使其产生永久变形，如加工中的辊、压、折、轧和矫正等。

第二种是作用于钢材单位面积上的外力超过材料的极限强度，促进钢材产生断裂，如冷加工中的剪、冲、刨、铣和钻等。

（3）弯曲加工

弯曲加工是根据构件形状的需要，利用加工设备和一定的工具、模具把板材或型钢弯曲制成一定形状的工艺方法。在钢结构制造中，用弯曲方法加工构件的种类非常多，可根据构件的技术要求和已有的设备条件进行选择。工程中，常用的分类方法及其适用范围如下。

①按钢构件的加工方法，可分为压弯、滚弯和拉弯三种：压弯适用于一般直角弯曲（V形件）、双直角弯曲（U形件）以及其他适宜弯曲的构件；滚弯适用于滚制圆筒形构件及其他弧形构件；拉弯主要用于将长条板材拉制成不同曲率的弧形构件。

②按构件的加热程度分类，可分为冷弯和热弯两种：冷弯是在常温下进行弯制加工，适用于一般薄板、型钢等的加工；热弯是将钢材加热至 950 ~ 1 100 ℃，在模具上进行弯制加工，适用于厚板及较复杂形状构件、型钢等的加工。

（4）卷板施工

卷板也称滚圆。卷板也就是滚圆钢板，实际上是在外力的作用下，使钢板的外层纤维伸长、内层纤维缩短而产生弯曲变形（中层纤维不变）。当圆筒半径较大时，可在常温状态下卷圆；当半径较小或钢板较厚时，需将钢板加热后卷圆。根据卷制时板料温度的不同，卷板分为冷卷、热卷与温卷三种，可根据板料的厚度和设备条件等来选择卷板的方法。

①在冷卷前必须清除板料表面的氧化皮，并涂上保护涂料。

②热卷时宜采用中性火焰，缩短高温度下板料的停留时间，并采用刷涂防氧涂料等办法，尽量减少氧化皮的产生。

③卷板设备必须保持干净，轴辊表面不得有锈皮、毛刺、棱角或其他硬性颗粒。

④由于剩余直边在校圆时难以完全消除，并会造成较大的焊接应力和设备负荷，所以一般应对板料进行预弯，使剩余直边弯曲到所需的曲率半径后再卷弯。预弯可在三辊、四辊或预弯水压机上进行。

⑤将预弯的板料置于卷板机上滚弯时，为防止产生歪扭，应将板料对中，使板料的纵向中心线与辊筒轴线保持严格的平行。

⑥卷板时，应不断吹扫内外侧剥落的氧化皮；校圆时应尽量减少反转次数等。

⑦非铁金属、不锈钢和精密板料卷制时，最好固定专用设备，并将轴辊磨光，消除棱角和毛刺等，必要时用厚纸板或专用涂料保护工作表面。

（5）边缘加工

在钢结构制造中，为了保证焊缝质量和工艺性焊透以及装配的准确性，不仅需将钢板边缘刨成或铲成坡口，还需将边缘刨直或铣平。边缘加工的方法主要有以下几个。

①铲边。对加工质量要求不高、工作量不大的边缘加工，可以采用铲边。铲边有手工和机械铲边两种；手工铲边的工具有手锤和手铲等；机械铲边的工具有风动铲锤和铲头等。

一般手工铲边和机械铲边的构件的铲线尺寸与施工图样尺寸要求相差不得超过 1 mm；铲边后的棱角垂直误差不得超过弦长的 1/3000，且不得大于 2 mm。

②刨边。对钢构件边缘刨边主要在刨边机上进行。钢构件刨边加工有直边和斜边两种。钢构件刨边加工的余量随钢材的厚度、钢板的切割方法而不同，一般刨边加工余量为 2～4 mm。

③铣边。对于有些构件的端部，可采用铣边（端面加工）的方法代替刨边。铣边是为了保持构件的精度。铣削加工一般是在端面铣床或铣边机上进行。

④碳弧刨边。碳弧气刨就是把碳棒作为电极，与被刨削的金属间产生电弧。此电弧具有 6 000℃左右高温，足以把金属加热到熔化状态。可用压缩空气的气流把熔化的金属吹掉，达到刨削或切削金属的目的。

（6）折边加工

在钢结构制作中，把构件的边缘压弯成倾角或一定形状的操作称为折边。折边广泛用于薄板构件，薄板经折边后可以大大提高结构的强度和刚度。

（7）模具压制

模具压制是在压力设备上利用模具使钢材成型的一种工艺方法。根据模具的加工形式，模具可分为以下三类。

①简易模。用于一般精度、单件或小批量零部件的加工生产。

②连续模。用于中级精度、加工形状复杂和特殊形状、中批或大批量零部件的加工生产。

③复合膜。用于中级或高级精度、零部件几何形状与尺寸受到模具结构与强度的限制、中批或大批量零部件的加工生产。

4. 制孔

在钢结构工程中，螺栓和铆钉的广泛使用不但使制孔数量增加，而且对加工精度要求更高。在钢结构制作中，常用的加工方法有钻孔、冲孔、铰孔等。施工时，应根据不同的技术要求合理选用。

（1）钻孔

钻孔是钢结构制作中普遍采用的方法，适用于几乎任何规格的钢板、型钢的孔加工。钻孔有人工钻孔和机床钻孔两种方式。人工钻孔由人工直接用手枪式或手提式电钻钻孔，多用于钻直径较小、板料较薄的孔；也可采用压杆钻孔，由两人操作，可钻一般钢结构的孔，不受工件位置和大小的限制。机床钻孔用台式或立式摇臂式钻床钻孔，施钻方便且功效和精度高。

（2）冲孔

冲孔是在冲孔机（冲床）上进行的，一般只能在较薄的钢板或型钢上冲孔。冲孔多用于不重要的节点板、垫板、加强版、角钢拉撑等小件的孔加工，其制孔效率较高。由于冲孔使孔的周围产生冷作硬化，孔壁质量差，孔口下塌，故在钢结构制作中已较少采用。

（3）铰孔

铰孔是指用铰刀对已经粗加工的孔进行精加工，以提高孔的光洁度和精度。铰孔时，必须选择好铰削用量和冷却润滑液。铰削用量包括铰孔余量、切削速度和进给量，这些对铰孔的精度和光洁度都有很大影响。

（4）扩孔

扩孔是指将已有的孔眼扩大到需要的直径。常用的扩孔工具有开孔钻和麻花钻。扩孔主要用于构件的拼装和安装（如叠层连接板孔），先把零件孔钻成比设计小 3 mm 的孔，待整体组装时再行扩孔，以保证孔眼一致，孔壁光滑；也可用于钻直径 30 mm 以上的孔，先钻成小孔后扩成大孔，以减少钻端阻力，提高功效。

5. 矫正

在钢结构制作过程中，由于原材料变形、气割并剪切变形、焊接变形、运输变形等超出了允许偏差，影响构件的制作及安装质量，因此必须对其进行矫正。矫正就是通过外力或加热作用造成新的变形，去抵消已经发生的变形，使材料或构件平直，或达到一定的几何形状要求，从而符合技术标准的一种工艺方法。

矫正的方法很多，根据矫正时钢材的温度不同分为冷矫正和热矫正两种。

（1）冷矫正是在常温下进行矫正。冷矫正时会产生冷硬现象，适用于矫正塑性较好的钢材。对于变形十分严重或脆性很大的钢材，如合金钢及长时间放在露天生锈的钢材等，因塑性较差不能用冷矫正。

（2）热矫正是将钢材加热至 700 ℃～1 000 ℃的高温下进行的。当钢材弯曲变形大，钢材塑性差，或在缺少动力设备的情况下才应用热矫正。

此外，根据矫正时作用外力的来源和不同，矫正可分为手工矫正、半自动机械矫正、机矫正、火焰矫正与高频热点矫正。

4.4.5 其他制作工艺简述

1. 压型钢板及其复合板制作工艺

压型钢板（图 4-66）、复合板（图 4-67）和钢筋衔架楼承板（图 4-68）均采用自动化加工设备生产。

2. 网架结构构件制作工艺

网架结构构件主要包括钢管、钢球和高强螺栓等，工艺原理与普通构件制作一样，尺寸要求精度更高一些。钢球的制作工艺如下：圆钢下料→钢球切压→球体锻造→工艺孔加工→螺栓孔加工→标记→除锈→油漆涂装。网架螺栓球节点制作工艺如图 4-69 所示。

图 4-66　压型钢板

图 4-67　复合板

图 4-68　钢筋桁架楼承板

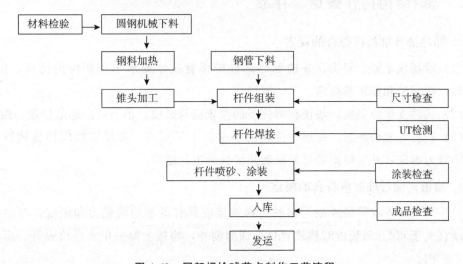

图 4-69　网架螺栓球节点制作工艺流程

3. 集成式低层钢结构别墅制作工艺

集成式低层钢结构别墅制作工艺自动化程度非常高，从型钢剪裁、焊接连接到镀层全部在自动化生产线上进行。

4. 低层冷弯薄壁型钢房屋制作工艺

轻钢龙骨是以优质的连续热镀锌板带为原材料，经冷弯工艺轧制而成的建筑用金属骨架，在自动化生产线上完成。

4.4.6 钢结构构件成品保护

钢结构构件出厂后在堆放、运输、吊装时需要成品保护，保护措施如下。

（1）在构件合格检验后，成品堆放在公司成品堆场的指定位置。构件堆场应做好排水，防止积水对构件的腐蚀。

（2）成品构件在放置时，在构件下安置一定数量的垫木，禁止构件直接与地面接触，并采取一定的防止滑动和滚动措施，如放置止滑块等。构件与构件需要重叠放置的时候，在构件间放置垫木或橡胶垫以防止构件间碰撞。

（3）构件放置好后，在其四周放置警示标志，防止工厂其他吊装作业时碰伤本工程构件。

（4）针对本工程的零件、散件等，需设计专用的箱子放置。

（5）在整个运输过程中为避免涂层损坏，在构件绑扎或固定处用软性材料衬垫保护，避免尖锐的物体碰撞、摩擦。

（6）在拼装、安装作业时，应避免碰撞、重击，减少现场辅助措施的焊接量。尽量采用捆绑、抱箍等临时措施。

4.4.7 钢结构构件搬运、存放

1. 部品部件堆放应符合的规定

（1）堆场应平整、坚实，并按部品部件的保管技术要求采用相应的防雨、防潮、防曝晒、防污染和排水等措施。

（2）构件支垫应坚实，垫块在构件下的位置应与脱模、吊装时的起吊位置一致。

（3）重叠堆放构件时，每层构件间的垫块应上下对齐，堆垛层数应根据构件、垫块的承载力确定，并应根据需要采取防止堆垛倾覆的措施。

2. 墙板运输与堆放应符合的规定

（1）当采用靠放架堆放或运输时，靠放架应具有足够的承载力和刚度，与地面倾斜角度宜大于80°。墙板应对称放置且外饰面朝外，墙板上部采用木垫块隔开。运输时应固定牢固。

（2）当采用插放架直立堆放或运输时，采取直立方式运输。插放架应有足够的承载力和刚度，并使支垫稳固。

（3）采用叠层平放的方式堆放或运输时，应采取防止损坏的措施。

4.4.8　钢结构构件运输

部品部件出厂前应进行包装,保障部品部件在运输及堆放过程中不破损、不变形。对超高、超宽、形状特殊的大型构件的运输和堆放应制定专门的方案。选用运输车辆应满足部品部件的尺寸、重量等要求,装卸与运输时应符合下列规定。

（1）装卸时应采取保证车体平衡的措施。

（2）应采取防止构件移动、倾倒、变形等的固定措施。

（3）运输时应采取防止部品部件损坏的措施,对构件边角部或链索接触处需设置保护衬垫。图 4-70 为超长钢结构部件运输作业示例。

图 4-70　超长钢结构部件运输作业示例

由于运输条件、现场安装条件等因素的限制,大型钢结构构件不能整件出厂而必需分成单元运输到施工现场,再将各单元组成整体。

在制造厂内分单元制造,在制造厂内进行必要的试组装,可以减少现场的安装误差,也可以保证施工进度。钢结构构件运输形式有以下两种。

（1）总体制造,拆成单元运输

由于现场安装条件或吊装能力所限,有些钢构件只能分段、分块运进施工现场,再进行相拼焊接或用螺栓连接。在工厂整体制作、整体检验合格后,根据现场实际情况,再分段或分块拆开,运至现场,即总体制造,拆成单元运输。

这种方法一定要做好相应的接口标记和指向,接口形式必须满足现场工作条件,尽量避免现场仰焊,接口要设在便于操作的位置,接头形式可能要进行重新设计。

（2）分段制造,分段运输

不是所有钢结构都必须在工厂内进行试组装。例如,框架、空间结构、工业厂房等大型多单元钢结构在工厂条件下无法实现试组装,可在制作厂内分单元制造或分段制造,但必须保证制作加工精度、现场安装的可行性以及各部件连接孔的互通性,各单位部件要拆装自如，并要做好安装标记，以确保现场安装质量，即分段制造，分段运输。

为避免在运输、装车、卸车和起吊过程中造成自重变形而影响安装，即使在工厂预组装合格，各单元结构件还要设置局部加固的临时撑件以确保安装，待总体钢结构安装完毕，再拆除临时加固撑件。

4.4.9 钢结构构件制作质量控制要点

钢结构构件制作质量控制的要点包括以下几点。

（1）对钢材、焊接材料等进行检查验收。

（2）控制剪裁、加工精度，构件尺寸误差应在允许范围内。

（3）控制孔眼位置与尺寸误差在允许范围内。

（4）对构件变形进行矫正。

（5）控制焊接质量。

（6）第一个构件检查验收合格后，生产线才能开始批量生产。

（7）保证除锈质量。

（8）保证防腐涂层的厚度与均匀度。

（9）搬运、堆放和运输环节防止磕碰等。

4.5 装配式钢结构建筑施工安装

4.5.1 装配式钢结构建筑施工

装配式钢结构建筑施工安装内容包括基础施工、钢结构主体结构安装、外围护结构安装等。不同的钢结构建筑安装工艺也有所不同。

1. 钢构件装配分类

根据钢构件的特性以及组装程度，钢构件装配可分为部件组装、拼装和预拼装。

（1）部件组装是装配最小单元的组合，一般由两个以上的零件按照施工图的要求装配成为半成品构部件。

（2）拼装也称组装，是指把零件或半成品按照施工图的要求装配成为独立的成品构件。

（3）预拼装是指根据施工总图的要求把相关的两个以上产品构件，在工厂制作场地上按其构件的空间位置总装起来。其目的是客观地反映各构件的装配节点，以保证构件安装质量。目前，这种装配方法已广泛应用在高强度螺栓连接的钢结构构件制造中。

2. 装配条件

在进行工件装配时，不论采取何种方法，都必须具备支承、定位和夹紧三个基本条件，也称为装配的三要素。

（1）支承

支承旨在解决工件放置何处装配的问题。实质上，支承就是装配工作的基准面。用何种基准面作为支承，要根据工件的形状大小和技术要求以及作业条件等因素确定。

（2）定位

定位就是确定零件在空间的位置或零件间的相对位置。只有在所有零件都达到确定位置时，整体结构才能满足设计上的各种要求。工字形梁的两翼板的相对位置由腹板与挡板来定位，而腹板的高低位置是由垫块来定位的。工字形梁装配时的定位如图4-71所示。

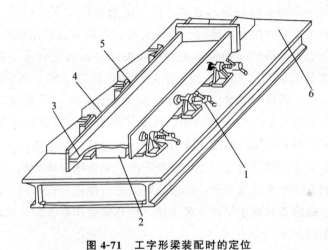

图 4-71　工字形梁装配时的定位

1—调节螺栓；2—垫块；3—腹板；4—翼板；5—挡板

（3）夹紧

夹紧是定位的保障，以借助外力将定位后的零件固定为目的。这种外力即为夹紧力。夹紧力通常由刚性夹具来实现，也可以利用气压力或液压力进行。图4-73中翼板与腹板间的夹紧力是由调节螺杆产生的。

上述三个基本条件相辅相成，且缺一不可。没有夹紧，定位就不能实现；没有定位，夹紧也就成了无的放矢；没有支承，更不存在定位和夹紧。

3. 装配方法

（1）钢构件的装配特点

钢构件的装配与一般机械产品的装配原理基本相同，但由于结构的性质不同，装配工件有如下特点。

①钢构件由于精度低、互换性差，所以装配时多数需选配或调整。

②钢构件的连接大多采用焊接等不可拆连接，因而返修困难，易导致零部件的报

废，因此对装配程序有严格的要求。

③装配过程中常伴有大量焊接工作，必须掌握焊接的应力和变形的规律，在装配时采取适当措施，以防止或减少焊后变形和矫正工作。

④钢构件一般体积庞大，刚性较差，易变形，装配时要考虑加固措施。

⑤某些特别庞大的构件需分组出厂至工地总装，甚至还需要先在厂内试装，必要时将不可拆连接改为临时的可拆连接。

⑥钢构件装配用的工夹具等制作周期短，见效快，通用性强，可变性大，有利于组织生产。

（2）确定装配步骤

任何装配工作都是按事先拟订的工艺规程进行的。工艺规程不同，装配的方法也不同。拟订装配工艺规程首先必须确定装配步骤。

钢结构产品是一个独立和完整的总体，由一系列零件和部件构成。零件是组成产品的基本件。由若干个零件组合而成的一个独立的、比较完整的结构称为部件或构件。确定装配步骤实际上是分析产品是否采用部件装配以及如何进行部件装配。简单的钢结构产品可以一次装配成功。对于大型复杂的结构，通常是将总体分成若干个部件，将各部件装配或焊接，再进行总装。这样可以减少总装时间，并使很多立焊、仰焊变为平焊，增加了自动焊与半自动焊的应用，减少了高空作业，提高了生产效率，保证了装配的质量，同时有利于实现装配工作机械化。划分部件时应考虑下列几点。

①要尽量使所划分的部件都有一个比较规则的、完整的轮廓形状。

②部件之间的连接处不宜太复杂，以便总装时进行操作和校准尺寸。

③部件装配之后应能有效地保证总装质量，使总体结构合乎设计要求。

（3）选择装配基准

装配基准的选择直接关系到装配的全部工艺过程。正确地选择装配基准能使夹具的结构简单，工件定位比较容易，夹紧牢靠，操作方便。

对各种结构都要做具体分析，选择的基准不同，其装配方法也不一样。以构件的底面为基准采用的是正装；以顶面为基准的可进行反装；以侧面为基准则需采用倒装。即使是同一构件，由于装配基准不同，装配方法变化也很大。

（4）钢构件装配方法

钢构件的装配方法较多，通常采用地样装配法和胎模装配法。

在选择构件装配方法时，必须根据构件的结构特性和技术要求，结合制造厂的加工能力、机械设备等情况，选择能有效控制组装精度、耗工少且效益高的方法进行，也可根据表4-5进行选择。

表 4-5　钢结构构装配方法

名称	装配方法	适用范围
地样装配法	比 1∶1 的比例在装配平台上放置构件实样，然后根据零件在实样上的位置，分别组装起来成为构件	桁架、框架等少批量结构组装
仿形复制装配法	先用地样装配法组装成单面（单片）结构，并且必须定位点焊，然后翻身作为复制胎膜，在其上装配另一单面结构，往返 2 次组装	横断面互为的桁架结构
立装	根据构件的特点及其零件的稳定位置，选择自上而下或自下而上地装配	适用于放置平稳、高度不大的结构或大直径圆筒
卧装	构件放在卧的位置装配	适用于断面不大但长度较长的细长构件
胎膜装配法	把构件的零件用胎膜定位在其装配位置上组装	适用于制造构件批量大且精度高的产品

4. 钢构件组装一般规定

（1）钢构件组装前，连接表面及焊缝每边 30～50 mm 范围内的铁锈、毛刺和油污及潮气等必须清理干净，并使构件露出金属光泽。

（2）钢构件组装时，必须严格按照工艺要求进行，一般先组装主要结构的零件。装配时，应按从里向表或从内向外的顺序进行。

（3）构件装配前，应按施工图要求复核其前道加工质量，并按要求归类堆放。

（4）构件装配时，应按下列规定选择构件的基准面。

①构件的外形有曲面时，应以平面作为装配基准面。

②在零件上有若干个平面的情况下，应选择较大的平面为装配基准面。

③根据构件的用途，选择最重要的面作为装配基准面。

④选择的装配基准面要使装配过程中最便于对零件定位和夹紧。

（5）构件装配过程中，不允许采用强制方法来组装构件。应避免产生各种内应力，减少其装配变形。

（6）构件装配时，应根据金属结构的实际情况，选用或制作相应的装配胎具（如组装平台、铁登、胎架等）和工（夹）具，应避免在结构上焊接临时固定件、支撑件。工（夹）具及吊耳必须焊接固定在构件上时，材质与焊接材料与该构件相同；用后需除掉时，不得用锤强力打击，需采用气割去掉，同时对残留痕迹应进行打磨、修整。

（7）当有隐蔽焊缝时，必须先施焊，经检验合格方可覆盖。复杂部位不易施焊时，也需要按工序次序分别先后组装和施焊，严禁不按次序组装和强力组对。

（8）为减少大件组装焊接的变形，一般应先采取小件组焊，经矫正后，再大部件组装。胎具及装出的首个成品须经过严格检验，方可大批组装。

5. 装配实例

（1）T 形梁的拼装

T 形梁由翼板和腹板两个零件装配而成。在小批量或单件生产时，一般采用划线装配：先将腹板和翼板矫平、矫直，并清理干净；然后在翼板上画出腹板的位置线，并打上样冲眼；再将腹板按线装在翼板上，用角尺校对垂直度进行定位；最后焊接。

采用简易的装配胎具可大大提高 T 形梁的装配效率和质量，压紧螺栓的支座作为 T 形梁腹板的定位挡铁，如图 4-72 所示。水平压紧螺栓和垂直压紧螺栓分别装在各自的支座上，也可以装在同一支座上。这种装配胎具可以不用划线，操作简便。

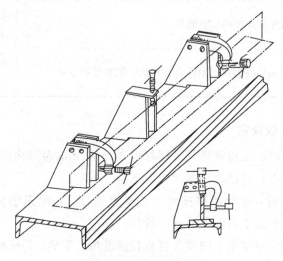

图 4-72　T 形梁的装配

（2）H 型钢拼装

H 型钢是由两块翼板和一块腹板装配组合而成的。当单件或小批量生产时，可采用挡铁定位装配法，见表 4-6。这种装配方法比单纯用划线法装配，在质量和效率上都有提高。其主要缺点是挡铁要事先焊到翼板上，装配后要逐个拆除，而且在翼板上留下疤痕，这对于受冲击载荷时是不允许的。此外，腹板和翼板的垂直度用角尺校验不够精确，而且效率也不高。

在 H 型钢的装配数量较多，或者尺寸规格多变的情况下，最好用胎具装配。

（3）箱形梁的拼装

箱形梁由两块腹板、两块翼板和若干筋板组成。装配前，应先将翼板和腹板分别矫平，长度不够时应进行拼接。箱形梁的装配见表 4-7。

表 4-6　挡铁定位装配 H 型钢

顺序	简图	装配说明	顺序	简图	装配说明
1		校平直翼板 1、3，画出腹板线，按线焊接上挡块 2	3		将腹板 4 吊到翼板 1 上，利用直角尺 5 检查板与翼是否垂直，校正后点焊固定，组成 T 形梁
2		校平直腹板 4，用两角钢将腹板边对齐并用压紧螺栓固紧	4		将 T 形梁翻身吊到翼板 3 上，用角尺校验垂直度，然后沿缝焊固

表 4-7　箱形梁的装配

顺序	简图	装配说明
1		在翼板 1、4 上画出腹板和筋板的位置线，并打上样冲眼

表 4-7 (续)

顺序	简图	装配说明
2	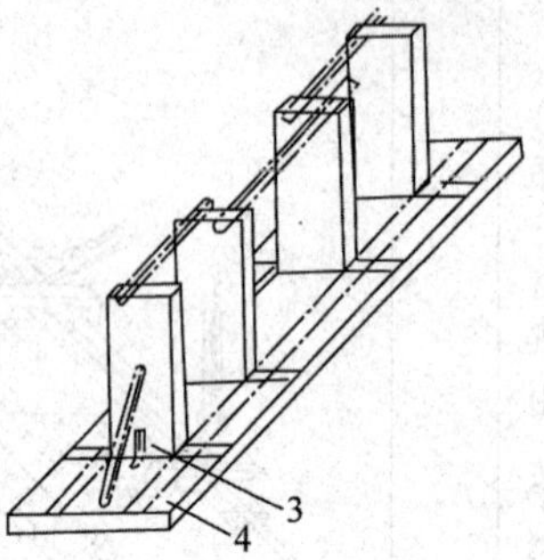	将筋板 3 按位置线垂直装配于翼板 4 上,用角尺校检垂直度;筋板间可临时用角钢加固,然后焊点定位
3	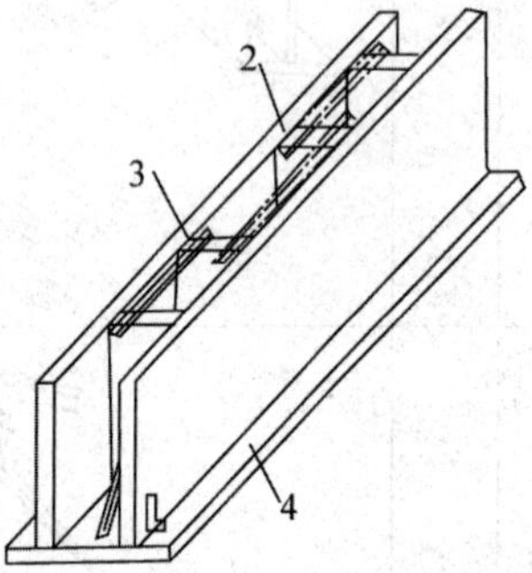	装配两腹板 2,使其紧贴筋板 3,用角尺校检垂直度,并焊点定位;然后对筋板焊缝施焊;最后拆除临时角钢
4	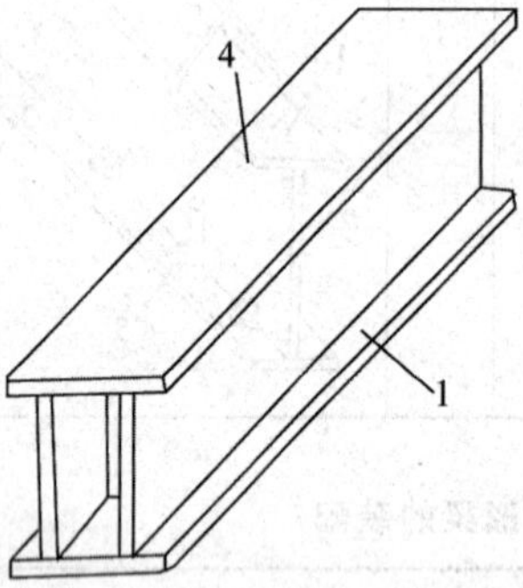	整体翻身吊放在翼板 1 上并定位焊,再全部施焊

(4) 钢柱的拼装

① 钢柱平拼装。钢柱平拼装时,应先在柱的适当位置用枕木搭设 3～4 个支点,如图 4-73 (a) 所示。各支承点高度应拉通线,使柱轴线、中心线成一水平线。拼装时,应用起重设备先吊下节柱并找平,然后吊上节柱,使上下端头对准,找正两节柱的中心线,安装螺栓或用夹具上紧,进行焊接。采用对称焊接,焊完一面再翻身焊另一面。

② 钢柱立拼装。钢柱立拼装时,应在下节柱适当位置设 2～3 个支点,上节柱设 1～2 个,各支点用水平仪找平,如图 4-73 (b) 所示。拼装时,先吊下节,使牛腿向

下，并找平中心，再吊上节，使两节的接头对准；然后找正中心线，并将安装螺栓拧紧；最后进行接头焊接。

③柱底座板与柱身组合拼装。将事先准备好的柱底板按设计规定尺寸分清内外方向画结构线并焊挡铁定位，以防拼装时发生位移。柱底板与柱身拼装前，必须将柱身与柱底板接触端面用刨床或砂轮加工平整。拼装时，应将柱身分几点垫平，使柱身垂直于底板；再将柱底座板用角钢头或平面型钢与柱底端先点焊固定；然后用直角尺检查垂直度及间隙，合格后采用对角或对称方法进行焊接。

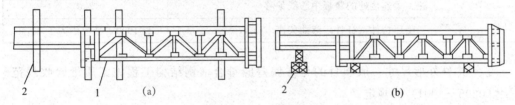

图 4-73　钢柱的拼装

（a）平拼拼装法；（b）立拼拼装法

1——拼接点；2——枕木

6. 钢构件组装质量检验

（1）构件焊接质量允许偏差

①构件焊缝坡口的允许偏差应符合表 4-8 的规格。

表 4-8　构件焊缝坡口的允许偏差

项目	坡口角度	钝边
允许偏差	±5°	±1.0 mm

②焊接 H 型钢的翼缘板和腹板拼接缝的间距应不小于 200 mm；翼缘板拼接长度应不小于 2 倍板宽；腹板拼接宽度应不小于 300 mm，长度应不小于 600 mm。

③端部铣平的允许偏差应符合表 4-9 的规定。外露铣平面应防锈保护。

表 4-9　端部铣平的允许偏差（单位：mm）

项目	两端铣平时构件长度	两端铣平时零件长度	铣平面的平面度	铣平面对轴线的垂直度
允许偏差	±2.0	±0.5	0.3	L/1500

④桁架结构杆件轴线交点错位的允许偏差不得大于 3.0 mm。

（2）钢构件外形尺寸允许偏差

①钢构件外形尺寸主控项目的允许偏差应符合表 4-10 的规定。

表 4-10　钢构件外形尺寸主控项目的允许偏差　　　　　（单位：mm）

项目	允许偏差
单层柱、梁、桁架受力支托（支承）表面至第一个安装孔距离	±1.0
多节柱铣平面至第一个安装孔距离	
实腹梁两端最外侧安装孔距离	±3.0
构件连接处的截面几何尺寸	
柱、梁连接处的腹板中心线偏移	2.0
受压构件（杆件）弯曲矢高	L/1000，且应不大于 10.0

②钢构件外形尺寸一般项目的允许偏差应符合《钢结构工程施工质量验收规范》（GB 50205－2001）的规定。

4.5.2　施工组织设计技术要点

装配式钢结构建筑施工组织设计技术要点包括以下几点。

1. 起重设备设置

多层建筑、高层建筑一般设置塔式起重机。多层建筑也可用轮式起重机安装，单层工业厂房和低层建筑一般用轮式起重机安装。

工地塔式起重机的选用除了考虑钢结构构件重量、高度（有的跨层柱子较高）外，还应考虑其他部品部件的重量、尺寸与形状，如外围护预制混凝土墙板可能会比钢结构构件更重。

钢结构建筑构件较多，配置起重设备的数量一般比混凝土结构工程要多。

2. 吊点与吊具设计

对钢结构部件和其他系统部品部件进行吊点设计或设计复核，并进行吊具设计。

钢柱吊点设置在柱顶耳板处，吊点处使用板带绑扎出吊环，然后与吊机的钢丝绳吊索连接。重量大的柱子一般设置 4 个吊点，断面小的柱子可设置 2 个吊点。

钢梁边缘吊点距梁端距离不宜大于梁长的 1/4，吊点处使用板带绑扎出吊环，然后与吊机的钢丝绳吊索连接。长度较大的钢梁一般设置 4 个吊点；长度较小的钢梁可设置 2 个吊点。

3. 部品部件进场验收

确定部品部件进场验收的方法与内容。

对于大型构件，现场检查比较困难，应当把检查环节前置到出厂前进行，现场主要检查构件运输过程中是否有损坏等。

4. 工地临时存放支撑设计

构件工地临时存放的支撑方式、支撑点位置设计，应避免因存放不当导致构件变形。

5. 基础施工要点

基础混凝土施工安装预埋件的准确定位是控制要点，应采用定位模板确保预埋件的位置在允许误差以内。

6. 安装顺序确定

钢结构应根据结构特点选择合理顺序进行安装，并应形成稳固的空间单元。

7. 临时支撑与临时固定措施

有的竖向构件安装后需要设置临时支撑，组合楼板安装需要设置临时支撑，因此需进行临时支撑设计。有的构件安装过程中需要采取临时固定措施，如安装后需要等水平支撑安装固定后再最终固定，所以需要临时固定。

4.5.3 施工安装质量控制要点

施工安装过程质量控制要点包括以下几点。

（1）基础混凝土预埋安装螺栓锚固应可靠且位置准确，安装时基础混凝土强度应达到允许安装的设计强度。

（2）保证构件安装标高精度、竖直构件（柱、板）的垂直度和水平构件的平整度符合设计与规范要求。

（3）锚栓连接紧固牢固，焊接连接按照设计要求施工。

（4）运输、安装过程的涂层损坏采用可靠的方式补漆，达到设计要求。

（5）焊接节点防腐涂层补漆，达到设计要求。

（6）防火涂料或喷涂符合设计要求。

（7）设备管线系统和内装系统施工应避免破坏防腐、防火涂层等。

4.6 装配式钢结构建筑质量验收

装配式钢结构验收包括部品部件进场验收、结构系统验收、外围护系统验收、设备与管线系统验收、内装系统验收和竣工验收。本节主要介绍部品部件进场验收、结构系统验收和竣工验收。

4.6.1 部品部件进场验收

同一厂家生产的同批材料、部品，用于同期施工且属于同一工程项目的多个单位工程，可合并进行进场验收。许多钢结构部件和建筑部品尺寸较大，验收项目较多，进场后在工地现场没有条件从容地进行验收，可以考虑主要项目在工厂出厂前验收，进场验收主要进行外观验收和交付资料验收。部品部件应符合国家现行有关标准的规定，并应提供以下文件。

（1）产品标准。

（2）出厂检验合格证。

（3）质量保证书。

（4）产品使用说明文件书。

4.6.2　结构系统验收

钢结构系统的验收项目主要包括以下内容。

（1）钢结构工程施工质量验收。

（2）焊接工程验收。

（3）钢结构主体工程紧固件连接工程的验收。

（4）钢结构防腐蚀涂装工程的验收。

（5）钢结构防火涂料的黏结强度、抗压强度的验收。

（6）装配式钢结构建筑的楼板及屋面板验收。

（7）钢楼梯验收等。

安装工程可按楼层或施工段等划分为一个或若干个检验批。地下钢结构可按不同地下层划分检验批。钢结构安装检验批应在进场验收和焊接连接、紧固件连接、制作等分项工程验收合格的基础上进行验收。

4.6.3　竣工验收

（1）单位（子单位）工程质量验收应符合下列规定。

①所含分部（子分部）工程的质量均验收合格；

②质量控制资料应完整；

③所含分部工程中有关安全、节能、环境保护和主要使用功能的检验资料应完整；

④主要使用功能的抽查结果应符合相关专业验收规范的规定；

⑤观感质量应符合要求。

（2）竣工验收的步骤可按验前准备、竣工预验收和正式验收三个环节进行。

（3）施工单位应在交付使用前与建设单位签署质量保修书，并提供使用、保养、维护说明书。

（4）建设单位应当在竣工验收合格后，按《建设工程质量管理条例》的规定向备案机关备案，并提供相应的文件。

4.7　装配式钢结构建筑使用维护

装配式钢结构建筑的设计文件应注明其设计条件、使用性质及使用环境，在交付物业时，应按国家有关规定的要求，提供《建筑质量保证书》和《建筑使用说明书》。

4.7.1　结构系统的使用维护

（1）《建筑使用说明书》应包含主体结构设计使用年限、结构体系、承重结构位置、使用荷载、装修荷载、使用要求、检查与维护等。

（2）物业服务企业应根据《建筑使用说明书》，在《检查与维护更新计划》中建立对主体结构的检查与维护制度，明确检查时间与部位。检查与维护的重点应包括主体结构损伤、建筑渗水、钢结构锈蚀和钢结构防火保护损坏等可能影响主体结构安全性和耐久性的内容。

（3）业主或使用者不应改变原设计文件规定的建筑使用条件、使用性质及使用环境。

（4）装配式钢结构建筑的室内二次装修、改造和使用，不应损伤主体结构。

（5）建筑的二次装修、改造和使用中发生下述行为之一者，应经原设计单位或具有相应资质的设计单位提出设计方案，并按设计规定的技术要求进行施工及竣工验收。

①超过设计文件规定的楼面装修或使用荷载；

②改变或损坏钢结构防火、防腐蚀的相关保护及构造措施；

③改变或损坏建筑节能保温、外墙及屋面防水相关的构造措施。

4.7.2　外围护系统的使用维护

（1）《建筑使用说明书》中有关外围护系统的部分需包含下列内容。

①外围护系统基层墙体和连接件的使用年限及维护周期；

②外围护系统外饰面、防水层、保温以及密封材料的使用年限及维护周期；

③外墙可进行吊挂的部位、方法及吊挂力；

④日常与定期的检查及维护要求。

（2）物业服务企业应依据《建筑使用说明书》，在《检查与维护更新计划》中规定对外围护系统的检查与维护制度，（检查与维护的重点应包括外围护部品外观、连接件锈蚀、墙屋面裂缝及渗水、保温层破坏、密封材料的完好性等），并形成检查记录。

（3）当遇地震、火灾后，需对外围护系统进行检查，并视破损程度进行维修。

（4）业主与物业服务企业应根据《建筑质量保证书》和《建筑使用说明书》中建筑外围护部品及配件的设计使用年限资料，对接近或超出使用年限的，进行安全性评估。

4.7.3　其他

在进行装修改造时应注意以下几点。

（1）不应破坏主体结构和连接节点。

（2）不应破坏钢结构表面防火层和防腐层。

（3）不应破坏外围护系统。

 思考题

1. 什么是装配式钢结构建筑？

2. 相关国家标准定义的装配式钢结构建筑与普通钢结构建筑的主要区别在哪里？

3. 装配式钢结构建筑的优缺点有哪些？

4. 装配式钢结构建筑有哪些结构体系？

5. 装配式钢结构水平位移限值有何要求？

6. 支撑、钢板剪力墙的种类有哪些？

7. 装配式钢结构建筑构件制作工艺可以分为几类？

8. 装配式钢结构建筑施工组织设计技术要点有哪些？

9. 装配式钢结构质量验收包括哪些内容？

10. 简述装配式钢结构建筑需要进一步解决的技术课题。

情景 5 装配式组合结构建筑

 情景导读

工程简介：马里·吉巴乌文化中心（Jean-Marie Tjibaou Cultural Centre）地处新喀里多尼亚努美阿海滨，于 1991 年动工，于 1998 年竣工，由意大利建筑师伦佐·皮亚诺（Italian architect Renzo Piano）以颂扬新喀里多尼亚（New Caledonia）的卡纳克（Kanak，也称 Canaque）土著文化为理念而设计。该中心由十个被称为"工程案例（cases）"的单元组成，它们各有不同的规模和功能，但外形都具有一致的垂直放置的壳状结构，类似于喀里多尼亚村庄（Caledonian Village）的传统茅屋。这种被刻意赋予的"未完成的"外观向人们昭示，卡纳克文化的发展进程与已故卡纳克领导人让·马里·吉巴乌（Jean－Marie Tjibaou）所奉行的一种信念仍相适应，仍在激励着当地的民众。这座建筑是一个非常成功的装配式组合结构建筑——钢结构与木结构的组合。马里·吉巴乌文化中心体现了皮亚诺对新材料和不同意境一贯的研究与创新。

马里·吉巴乌文化中心的功能需求符合它作为卡纳克文明象征的地位，同时不仅仅是模仿当地的民俗建筑，还用全新的建筑形式再现了卡纳克茅屋的特色。马里·吉巴乌文化中心融合了场地中的各种自然要素，很好地捕捉到了场地的气质，不仅把场地周围的环境纳入建筑，还融入人们的精神世界，以达到人们对环境的认同。如何运用多种材料很好地将人与自然融合，将社会与自然融合，是我们建筑人一直探索的领域，而组合结构是最好的答案。通过对装配式组合建筑的深入学习，我们将会开启建筑领域的另一个世界。

 学习目标

（1）掌握装配式组合结构建筑的类型与适用范围以及装配式组合结构建筑施工安装的工艺流程；

（2）熟悉装配式组合结构建筑的概念以及装配式组合结构建筑设计要点；

（3）了解装配式组合结构建筑的历史。

5.1 装配式组合结构建筑基本知识

装配式组合结构并不是指"混合结构＋装配式"，而是一个广义的概念。

按照行业标准《高层建筑混凝土结构技术规程》（JGJ 3－2010，以下简称《高规》）的定义，混合结构是"由钢框架（框筒）、型钢混凝土框架（框筒）、钢管混凝土框架（框筒）与钢筋混凝土核心筒所组成的共同承受水平和竖向作用的建筑结构。"简言之，混合结构就是钢结构与钢筋混凝土核心筒混合的结构。

《高规》定义的混合结构是个范围很窄的概念，仅限于有钢筋混凝土核心筒的钢结构建筑。有核心筒的结构体系属于筒体结构，要么是筒中筒结构，要么是稀柱筒体结构。

这里所说的装配式组合结构，未必是筒体结构，更不一定有核心筒，而是指一座建筑是由不同材料预制构件组合而成的。例如，钢结构建筑中采用的混凝土叠合楼板、装配式混凝土厂房采用的钢结构屋架、装配式钢筋混凝土外筒与钢结构柱梁组合等，都属于装配式组合结构。

装配式组合结构建筑是指"建筑的结构系统（包括外围护系统）由不同材料预制构件装配而成的建筑"。装配式组合结构建筑有以下几个特点。

（1）由不同材料制作的预制构件装配而成。

（2）预制构件是结构系统（包括外围护系统）构件。

按照这个定义，在钢管柱内现浇混凝土虽然是两种材料组合，但不能算作装配式组合结构，因为它不是不同材料预制构件的组合。

对于型钢混凝土而言，如果包裹型钢的是现浇混凝土，也不能算作装配式组合结构，因为它不是不同材料预制构件的组合。如果包裹型钢的混凝土与型钢一起预制，就属于装配式组合结构。混合结构中的钢筋混凝土核心筒如果采用现浇工艺，那么这个混合结构的建筑就不能算作装配式组合结构；如果钢筋混凝土核心筒是预制的，那么它就属于装配式组合结构。

5.1.1 装配式组合结构的类型

装配式组合结构建筑按预制构件材料组合分类有以下几种。

（1）混凝土＋钢结构：结构系统及外围护结构系统由混凝土预制构件和钢结构构件装配而成。

（2）混凝土＋木结构：结构系统及外围护结构系统由混凝土预制构件和木结构构件装配而成。

（3）钢结构＋木结构：结构系统及外围护结构系统由钢结构构件和木结构构件装配而成。

（4）其他结构组合：结构系统或外围护结构系统由其他材料预制构件组合而成，

例如纸管结构与集装箱组合的建筑。

5.1.2　装配式组合结构的优点与缺点

1. 装配式组合结构的优点

选用装配式组合结构旨在获得单一材料装配式结构无法实现的某些功能或效果。通常，装配式组合结构具备的优点主要有以下几个。

（1）可以更好地实现建筑功能。装配式混凝土建筑采用钢结构屋盖，可以获得大跨度无柱空间。钢结构建筑采用预制混凝土夹心保温外挂墙板，可以方便地实现外围护系统建筑、围护及保湿等功能的一体化。

（2）可以更好地实现艺术表达。木结构与钢结构或混凝土结构组合的装配式建筑，可以集合两者（或三者）优势，获得更好的建筑艺术效果。

（3）可以使结构优化。在重量轻、抗弯性能好的位置宜使用钢结构或木结构构件；在希望抗压性能好或减少层间位移的位置宜使用混凝土预制构件等。

（4）可以使施工更便利。装配式混凝土筒体结构的核心区柱子为钢柱，施工时作为塔式起重机的基座，随层升高，非常便利。例如，荆棘冠教堂建在树林里，无法使用起重设备，因此采用钢结构和木结构组合的装配式结构，设计的钢结构和木结构构件的重量应使两个工人就可以搬运。

2. 装配式组合结构的缺点或局限性

装配式组合结构的缺点或局限性主要包括以下几点。

（1）结构计算复杂，有的装配式组合结构没有现成的计算模型和计算软件与之对应。

（2）不同材料构件的连接设计缺少标准支持。

（3）制作和施工安装需要更紧密的协同。

（4）对施工管理要求高。

5.2　装配式混凝土结构＋钢结构

5.2.1　"装配式混凝土结构＋钢结构"的类型

"装配式混凝土结构＋钢结构"建筑是混凝土预制构件与钢结构构件装配而成的建筑，是比较常见的装配式组合结构。

1. 混凝土结构为主，钢结构为辅

（1）多层或高层建筑采用预制混凝土柱、梁、楼盖，以及钢结构屋架和压型复合板屋盖。

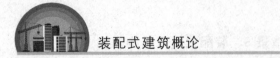

（2）高层筒体结构建筑采用预制钢筋混凝土外筒以及钢结构内柱与梁。

（3）单层工业厂房采用预制混凝土柱、吊车梁以及钢结构屋架与压型复合板屋盖。

（4）多层框架结构工业厂房采用预制混凝土柱、梁、楼盖以及钢结构屋架与压型复合板屋盖。

2. 钢结构为主，混凝土结构为辅

（1）钢结构建筑采用预制混凝土楼盖，包括叠合板、预应力空心板、预应力叠合板、预制楼梯和预制阳台等。

（2）钢结构建筑采用预制混凝土梁与剪力墙板等。

（3）钢结构建筑采用预制混凝土外挂墙板。

5.2.2 "装配式混凝土结构＋钢结构"案例

例 5-1 日本东京鹿岛赤坂大厦

东京鹿岛赤坂大厦（图 5-1）是一座地上 32 层的超高层建筑，高 158 m，建筑面积 5.37 万平方米。其中有 41 700 m^2 写字间，6 600 m^2 住宅，522 m^2 商铺。

图 5-1 东京鹿岛赤坂大厦

赤坂大厦于 2011 年建成，是装配式建筑史上具有里程碑意义的建筑，也是一座装配式组合结构建筑——混凝土结构与钢结构组合。赤坂大厦有如下设计特点。

（1）结构体系为筒体结构，但不是密柱筒体；而是"群柱"筒体，由 4 个柱子组成一个"群柱"单元。筒体由"群柱"单元构成，相当于双排柱筒体。除了筒体柱外，整座建筑只在核心部位有 4 根圆形钢柱。赤坂大厦平面图如图 5-2 所示。

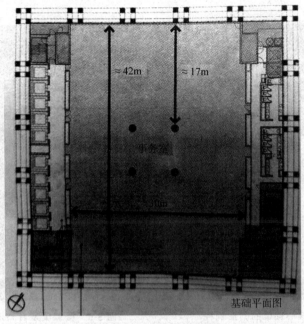

图 5-2　赤坂大厦平面图

（2）筒体群柱的外侧柱隔一层设置一道梁，内侧柱每层都设置梁，如图 5-3 所示。筒体群柱与梁都采用预制，不仅柱子用灌浆套筒连接，而且梁也用灌浆套筒连接，没有任何后浇混凝土连接。装配整体式混凝土结构所有柱梁连接都没有后浇混凝土，这是世界首创，设计得非常巧妙，施工效率非常高，在高层建筑装配式发展史上具有里程碑意义。

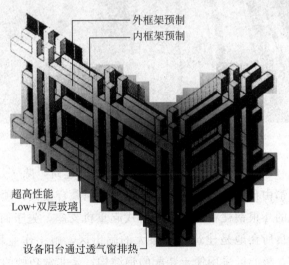

图 5-3　装配式混凝土柱梁筒体构造

（3）核心部位的 4 根圆形钢柱（图 5-4）与筒体混凝土柱之间约为 17 m。楼盖梁为钢梁，与外筒混凝土梁的连接节点如图 5-5 所示，楼盖为压型钢板现浇混凝土，如图 5-6

所示。

图 5-4　核心部位的圆形钢柱

图 5-5　楼盖梁及其与混凝土柱连接

图 5-6　压型钢板现浇混凝土楼盖

（4）这座建筑号称是世界上预制率最高的超高层建筑，除了压型钢板现浇混凝土楼盖外，全部结构都由预制构件装配而成。如果采用叠合楼板，预制率会更高。

（5）核心部位的 4 根钢柱在施工期是塔式起重机支座，先于筒体混凝土柱梁安装，随层升高。建设项目所在地是建筑密度很大的闹市区，施工作业场地很小，将塔式起重机设置在核心区，核心区采用便于装配的钢结构，是非常巧妙的安排。

（6）该建筑在转角处采用了减震系统，如图 5-7 和图 5-8 所示。

图 5-7　转角处的减震系统

图 5-8　减震系统细部构造

（7）这座建筑还采用了超高强度等级的混凝土（最高为 C150）、高强度等级的钢筋（为常规钢筋强度的 1.4 倍）等。

例 5-2 大连装配式多层厂房

图 5-9 为大连一座 10 万平方米的装配式组合结构厂房，是框架结构。由于采用了装配式，如此大体量的建筑，结构施工期只用了半年。该建筑 1 层和 2 层是 7.2 m 柱网，3 层是 50 多米跨度的无柱空间，层高比 1、2 层高。设计采用了装配式组合结构，如图 5-10 所示：柱子和 1、2 层梁及楼板是预制混凝土构件；屋架是钢结构；屋盖采用压型钢板复合屋面板；3 层部分外围护墙体骨架是钢结构。

图 5-9　大连一座 10 万平方米的
　　　　装配式组合结构厂房

图 5-10　组合结构厂房立面结构

该厂房非常好地利用了装配式的优势和装配式组合结构的优势。采用装配式，主体结构工期只是现浇的 30%，节约了 70% 的工期，更重要的是，由于很少有湿作业，设备安装随即展开，进一步节省了总工期。因其采用装配式组合结构，还获得了三层厂房的无柱大空间，如图 5-11 所示。

图 5-11　预制混凝土柱、梁与楼板

例 5-3 新西兰基督城装配式组合结构建筑

图 5-12 至图 5-16 是新西兰基督城震后重建的一座装配式组合结构建筑工地的细部照片。该建筑是钢结构建筑，局部用了混凝土预制构件，包括剪力墙、边梁和楼板梁（檩条）。

混凝土剪力墙用于楼梯间，显然是基于防护性能更可靠的考虑。剪力墙是跨层剪力墙，十几米高，如图 5-12 所示；墙内侧伸出钢筋，以便与叠合楼板连接，如图 5-13 所示。这种跨层墙板安装效率很高，减少了墙板的竖向连接，但是要求工厂具备生产超大型墙板的能力，运输要求也比较高。

图 5-12　基督城钢结构建筑跨层混凝土剪力墙板

图 5-13　剪力墙板伸出与叠合楼板连接的钢筋

剪力墙板水平连接没有采用湿连接，既不用现浇混凝土，也没有用锚环灌浆等横向连接方式，而是采用干法连接，用型钢做成拐角连接件，通过螺栓固定，将 90° 垂直的墙板连为一体，干法连接比湿法连接便利了很多，如图 5-14 所示。图 5-15 和图 5-16 所示为混凝土边梁和檩条梁。

图 5-14　混凝土墙板用钢拐角干法连接

图 5-15　局部采用钢筋混凝土梁

图 5-16　钢结构梁上敷设钢筋混凝土檩条

5.2.3　混合结构如何成为装配式组合结构

混合结构，即《高规》所定义的钢结构与混凝土核心筒组成的混合结构，若要成为装配式组合结构，则有以下两种方式。

1. 钢筋混凝土核心筒预制

（1）如果核心筒是密柱型核心筒，柱子的预制与连接同框架结构或筒体结构的柱子一样，就没有问题。

（2）当核心筒是剪力墙核心筒时，日本对框架结构和筒体结构的剪力墙都采用现浇方式，我国装配式混凝土建筑的国家标准和行业标准没有给出剪力墙核心筒预制的规定。如果对剪力墙核心筒采用预制装配方式，则需要经过专家论证。

2. 型钢混凝土构件预制化

将钢梁或钢柱型钢与外包混凝土一体化预制是可以考虑的方案。图 5-17 所示的型钢混凝土柱在预制混凝土工厂生产也不难，但需要把图 5-18 所示连接节点设计成预制型钢混凝土构件连接的节点，需要特别考虑钢筋连接和钢筋伸入支座的可靠性。

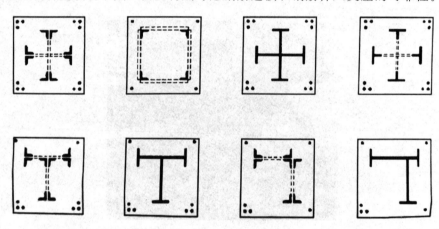

图 5-17　型钢混凝土柱断面

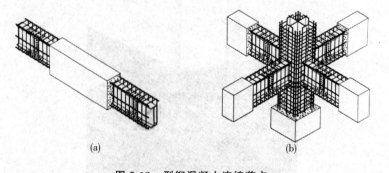

(a)　　　　　　　　　　　　(b)

图 5-18　型钢混凝土连接节点

（a）型钢混凝土预制梁；（b）连接节点示意

5.3　装配式钢结构＋木结构

5.3.1　装配式钢结构＋木结构类型

装配式钢结构＋木结构建筑经常被设计师采用，主要类型包括以下几个。

（1）以钢结构为主，以木结构为辅，木结构兼作围护结构，突出了木结构的艺术特色。

（2）钢结构与木结构并行采用。

（3）以木结构为主，需要结构加强的部位采用钢结构。

5.3.2　装配式钢结构＋木结构案例

例 5-4 努美阿吉巴乌文化中心

努美阿吉巴乌文化中心（图 5-19）位于南太平洋海岛城市，建于 1998 年，是意大利著名建筑大师伦佐·皮亚诺的作品，在世界上享有盛名。这座建筑也是一个非常成功的装配式组合结构建筑——钢结构与木结构的组合。

图 5-19　努美阿吉巴乌文化中心

吉巴乌文化中心是一座时尚的现代建筑，给人以自然质朴的印象。现代时尚的信号是由精致的钢结构和玻璃透出的。建筑造型的美学元素取自土著人的茅草屋；自然质朴的印象则主要来自表皮的木结构质感，如图 5-20 所示。

图 5-20　吉巴乌文化中心钢结构与木结构组合

　　这座建筑的主体结构是钢结构，木结构承担一部分结构功能，最主要的作用是形成建筑艺术形象。长短不一高高耸立的弧形方木是这座建筑标志性的符号。弧形方木在水平方向被钢杆连接成一体，底部是铰连接。

　　例 5-5　美国阿肯色州荆棘冠教堂

　　位于美国阿肯色州的荆棘冠教堂是一座很小的教堂，坐落在树林中。这座建于 1980 年的小教堂被评为当年美国最佳建筑，还被评为 20 世纪美国十大建筑之一，由美国建筑师 E. Fay Jones 设计。

　　荆棘冠教堂非常现代，但在茂密的树林里又显得很自然。纤细挺立的结构骨架与耸立的树木有着相似性，既融洽又与众不同。荆棘冠教堂是装配式木结构与钢结构组合的建筑，以当地松木制作构件，辅之以钢结构构件。设计师为了不破坏现场环境，减少伐木，设计用人工搬运构件，因此将木结构和钢结构构件设计得很轻，靠杆系交叉形成结构整体性。交叉的杆系像转了角度的十字架，也有哥特式教堂尖拱那种向上聚拢的空间感，宗教寓意很浓。在这座建筑中，木结构与钢结构的使用与融合相得益彰。

图 5-21　美国阿肯色州荆棘冠教堂

例 5-6 崇明体育训练中心游泳馆

上海崇明体育训练中心游泳馆采用了钢和木组合筒壳结构，如图 5-22 所示。游泳馆纵向长 64 m，筒壳矢高 6 m，跨度 45 m。

游泳馆屋盖的钢结构与木结构是分区域设置的。设计人员考虑到泳池中的氯气会对钢结构产生腐蚀，因此在屋盖设计中将两侧 9 m 宽设计为钢结构，在游泳池上部的中部 27 m 则采用木结构，木梁呈菱形交织，如图 5-23 所示。

图 5-22　崇明体育训练中心
游泳馆钢木组合筒壳结构屋盖

图 5-23　菱形木梁网格构成的屋盖结构

5.4　装配式混凝土结构＋木结构

5.4.1　"装配式混凝土结构＋木结构"类型

"装配式混凝土结构＋木结构"建筑的主要类型包括以下几个。

（1）在装配式混凝土建筑中，采用整间板式木围护结构。

（2）在装配式混凝土建筑中，用木结构屋架或坡屋顶。

（3）装配式混凝土结构与木结构的"混搭"组合。

5.4.2　"装配式混凝土结构＋木结构"案例

例 5-7 新西兰奥兰多社区青年艺术中心

图 5-24 是新西兰奥兰多一个社区的青年艺术中心。这是一座非常抢眼的建筑，一方面源于其不规则的生动形体；另一方面更源于其亲切的木材质感。

图 5-24   奥兰多社区青年艺术中心

这是一座装配式混凝土结构与木结构组合的建筑。混凝土的角色以构成主体结构为主，木材的角色是外围护系统与艺术表现，如图 5-25 所示。

图 5-25   混凝土柱与木结构外围护系统

5.5   其他装配式组合结构

5.5.1   其他装配式组合结构的类型

其他装配式组合结构主要包括以下几种。

（1）钢筋混凝土结构或钢悬索结构。

（2）钢结构支撑体系与张拉膜组合结构比较多见。

（3）装配式纸板结构与木结构组合结构（如坂茂设计的神户纸板木结构教堂）。

（4）装配式纸板结构与集装箱组合结构。

5.5.2　其他装配式组合结构的案例

［例］新西兰基督城纸结构教堂

新西兰基督城纸结构教堂建于 2013 年。基督城于 2011 年发生了大地震，大教堂完全毁坏。教会人士请来日本建筑师坂茂，设计了一座装配式纸结构建筑，作为应急的临时教堂。

坂茂是纸结构建筑的开创者，是 2014 年普利兹克奖获得者。他设计的装配式纸结构建筑重量轻，抗震性能好，施工便利快捷，而且建筑物使用寿命可达 50 年以上。纸结构建筑材料可以回收，是非常好的绿色环保建筑。坂茂为基督城设计的纸结构教堂不仅是教徒做礼拜和教会活动的场所，还成了当地的著名景观，如图 5-26 所示。

纸结构教堂采用的基本元件是硬纸板卷成的纸管，表面有防潮和防火涂层，纸管排列起来组成人字形结构（也就是三铰拱结构）墙体，纸管外铺设透明的聚碳酸酯板，遮风挡雨，如图 5-27 所示。

纸结构教堂除地面外，全由预制构件装配而成，而且属于装配式组合结构，因为有一部分纸管墙体的基础是用淘汰的集装箱改造的，集装箱同时兼作了教堂的裙房。

坂茂的标准化意识非常强，纸板教堂的结构构件和外围护构件都由纸板管一种构件承担，而且只有一种规格，由此可以简化制作与施工环节，大幅度降低成本。

图 5-26　新西兰基督城纸板教堂　　　　**图 5-27　纸结构教堂的纸板管三铰拱**

思考题

1. 什么是装配式组合结构建筑？
2. 装配式组合结构建筑有哪些局限性？
3. 装配式组合结构建筑有哪些优点与缺点？
4. 简述装配式钢结构建筑需要进一步解决的技术课题。

情景6 装配式建筑管理

情景导读

本情景主要介绍装配式建筑管理的重要性以及政府、开发企业、监理单位、设计单位、制作企业、施工企业对装配式建筑的管理。

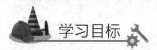学习目标

(1) 掌握制作企业对装配式建筑的管理以及施工企业对装配式建筑的管理

(2) 熟悉设计单位对装配式建筑的管理

(3) 了解装配式建筑管理的重要性以及政府对装配式建筑的管理

6.1 装配式建筑管理的重要性

6.1.1 有效管理为行业良性发展保驾护航

1. 政府管理

从政府管理角度来看,政府应制定适合装配式建筑发展的政策措施,并贯彻落实到位。

(1) 推动主体结构装配与全装修同步实施。我国目前的商品房大部分还是毛坯房交付,如果只是建筑主体结构装配,不同时推动全装修,那么装配式建筑的节省工期、提升质量等优势就不能完全体现出来。

(2) 推进管线分离与同层排水的应用。管线分离、同层排水等提高建筑寿命、提升建筑品质的措施,如果没有政府在制度层面的设计和实施,也无法真正得到有效推广。

(3) 建立适应装配式建筑的质量安全监管模式。政府应牵头加大对装配式建筑建设过程的质量和安全的管理,如果还是采用原始的现浇模式的管理办法,而不配套设

计适合装配式建筑的管理模式，则装配式建筑将得不到有效管理，并会制约装配式建筑的健康发展。

（4）推动工程总承包模式。工程总承包模式的应用对装配式建筑发展十分有利，如果政府没有这方面的制度设计和管理措施，则将极大制约装配式建筑的进一步发展。

2. 企业管理

从企业管理角度来看，装配式建筑的各紧密相关方都需要良好的管理。

（1）甲方是推动装配式建筑发展和管理的总牵头单位。是否采用工程总承包模式，是否能够有效整合协调设计、施工和部品部件生产企业等，都是直接关系到装配式项目能否较好完成的关键因素。甲方的管理方式和能力起到决定性作用。

（2）对于设计单位，是否充分考虑了组成装配式建筑的部品部件的生产、运输、施工等便利性因素，都决定着项目能否顺利实施。

（3）对于施工单位，是否科学设计了项目的实施方案（如塔式起重机的布置、吊装班组的安排、部品部件运输车辆的调度等），对于项目是否省工、省力都有重要作用。同样，监理和生产等企业的管理，都会在各自的职责中发挥重要的作用。

6.1.2　有效管理保证各项技术措施的有效实施

装配式建筑实施过程中生产、运输和施工等环节都需要有效的管理保障，也只有有效的管理才能保证各项技术措施的有效实施。例如，装配式建筑的核心是连接，连接的好坏直接关系着结构的安全，虽然有了高质量的连接材料和可靠的连接技术，但缺失有效的管理，操作工人没有意识到或者根本不知道连接的重要性，依然会给装配式建筑带来灾难性后果。

6.2　政府对装配式建筑的管理

6.2.1　政府推广装配式建筑的职责和主要工作

在我国，特别是装配式建筑发展初期，政府应主要做好顶层设计（法律、制度、规则），提供政策支持和服务，进行工程和市场监管，鼓励科技进步等工作。其中，中央政府行业主管部门与地方政府尤其是市级的政府的职责有所不同。

1. 国家行业主管部门层面

应做好装配式建筑发展的顶层设计，统筹协调各地装配式建筑发展，具体包括以下几个方面。

（1）制定装配式建筑通用的强制性标准、强制性标准提升计划以及技术发展路线图。

（2）制定有利于装配式建筑市场良性发展的建设管理模式和有关政策措施。

（3）制定奖励和支持政策，并建立统计评价体系。

（4）奖惩并重，在给予装配式建筑相应支持政策的同时，加大对质量、节能和防火等方面的监管，严格执行建筑质量、安全、环保、节能和绿色建筑的标准。

（5）对不适应装配式建筑发展的法律、法规和制度进行修改、补充和完善。

（6）开展宣传交流、国际合作、经验推广以及技术培训等工作。

2. 地方政府层面

应在中央政府制定的装配式建筑发展框架内，结合地方实际情况，制定有利于本地区产业发展的政策和具体措施，并组织实施，具体包括以下几个方面。

（1）制定适合本地实际的产业支持政策和财税、资金补贴政策。例如，在土地出让环节的出让条件、出让金和容积率等要求中给予装配式建筑支持政策。

（2）编制本地装配式建筑发展规划。

（3）建立或完善地方技术标准体系，制定适合本地区的装配式部品部件标准化要求。

（4）推动装配式建筑工程建设，开展试点示范工程建设，做好建设各环节的审批业务和验收管理。

（5）制定装配式工程监督管理制度并实施，重点关注对工程质量安全的监管。

（6）推进相关产业园区建设和招商引资等工作，形成产业链齐全且配套完善的产业园区格局，支持和鼓励本地企业投资建厂和利用现有资源进入装配式领域。

（7）开展宣传交流、国际合作和经验推广等工作，举办研讨会、交流会或博览会等活动。

（8）开展技术培训，可通过行业协会组织培养技术、管理和操作环节的专业人才与产业工人队伍。

（9）地方政府的各相关部门应依照各自职责做好对装配式建筑项目的支持和监管工作。

图 6-1 为沈阳万科春河里住宅区的施工现场照片。该项目建筑面积 70 万平方米，启动于 2011 年，是中国第一个在土地出让环节加入装配式建筑要求的商业开发项目，也是中国第一个大规模采用装配式建筑方式建设的商品住宅项目。

图 6-1 沈阳万科春河里住宅区装配式建筑工地

6.2.2 政府对装配式建筑管理中的常见问题

目前，我国处于装配式建筑发展初期，普遍存在的一些问题应成为政府管理的着眼点，常见的有以下几个。

（1）开发建设单位消极被动。我国当前装配式建筑发展主要靠政府强力推动，多数开发企业还处于被动接受状态，甚至是敷衍应付状态，缺少主动、积极地应对困难和问题的热情。

（2）设计边缘化、后期化。设计环节是装配式建筑的主导环节，从设计初期就应当进行建筑结构系统、外围护系统、内装系统和设备与管线系统的集成，进行适于装配式特点的优化设计，实现装配式建筑的效益最大化。我国目前很多装配式建筑设计没有实现集成化协同设计，而是仅仅按传统在现浇建筑设计好了之后再进行后期深化拆分设计。其主要原因：一是开发商不懂装配式建筑的系统设计理念，或对统筹设计没有足够重视；二是传统建筑设计机构动力不足，一方面是不懂装配式设计，另一方面是装配式增加了工作量，但是设计费并没有增加或增加不多。结果本应在装配式建筑中居龙头地位的设计被边缘化、后期化。

（3）施工企业积极性不高。其主要有三个原因：一是施工企业熟悉原有的现浇模式，思维惯性和行为惯性较强，很多企业不愿意尝试新的建造方式；二是采用装配式方式建造，很多企业原有的机械设备、模板等固定资产用不上；三是采用装配式施工，一部分工程费被预制厂家分走，施工企业利益受损。

（4）政府管理系统协同性不强。其主要表现在三个方面：一是施工图审查没有加入装配式建筑专篇，或审核不严；二是质量管理部门缺乏新的监管模式，比如存在对预制构件厂的质量管理缺乏有效手段，对监理行业的前置驻厂监理管理流于表面，对工地现场吊装、灌浆等关键环节监管缺乏有效措施，对工程存档资料要求不明确、不严格等问题；三是适合装配式建筑发展的工程总承包模式和 BIM 技术等措施，在政府各部门的系统协同推进过程中也存在问题。

另外，还有人才匮乏的问题。缺少有经验的设计、研发、管理人员和技术工人等人力资源，导致装配式建筑发展中很多技术目标无法实现，这些都需要政府在以后的工作中逐渐完善。

6.2.3　政府对装配式建筑的质量监管

为居住者提供一个质量可靠、安全、绿色环保的建筑产品是整个装配式建筑行业的根本目标。政府应把装配式建筑质量管理作为一项重要工作。

（1）在设计环节，强化设计施工图审查管理，应对结构连接节点进行重点审查，看是否符合相关技术规范的要求。同时要明确项目总设计单位应对装配式建筑的各个深化设计负总责。

（2）在构件制作环节，要充分发挥监理单位的作用，实行驻厂监理，对关键环节应旁站监理。政府也应定期组织对工厂制作环节进行抽查或巡检，以保证构件质量。

（3）在施工安装环节，建设单位和监理单位应对构件连接部位施工进行旁站监理，现场作业拍照或录像留存记录，政府应组织抽查巡检。除了必要的检测工作外，还应强化对连接部位和隐蔽工程的验收，验收通过后方可进行下一步的施工安装。

（4）在验收环节，政府对装配式建筑可采用分段验收的管理方式。装配式建筑采用分段验收后，主体完成后需再次进行全面验收和检测，如检测建筑整体是否发生沉降，对节能热工进行检测验收等。总体验收应注意工程档案和各项记录的收集、整理，确保档案真实、齐全。

政府对装配式建筑的质量管理要点如图 6-2 所示。

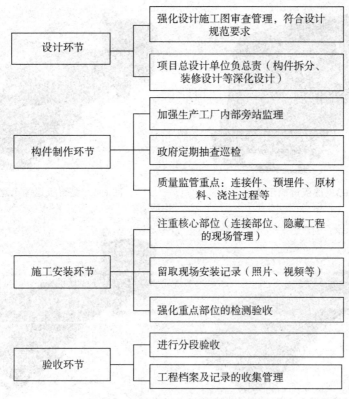

图 6-2　装配式建筑各环节管理要点

6.2.4　政府对装配式建筑的安全监管

安全管理应当覆盖装配式建筑施工制作、运输、入场、存储和吊装等各个环节。

（1）预制构件工厂生产监管　政府对预制构件工厂安全监管的重点是生产流程的安全设施保证，安全操作规程的制定与执行，起重、电气等设备的定期安全检查。通过驻厂监理进行日常监管，并定期组织安全巡查。

（2）运输环节监管　运输环节安全监管的重点是专用安全运输设施的配备、构件摆放和保护措施，如图 6-3 至图 6-6 所示。交通监管环节要禁止车辆超载、超宽、超高、超速和急转急停等。

（3）预制构件入场监管　预制构件入场应合理设计进场顺序，最好能直接吊装就位形成流水作业，以减少现场装卸和堆放，从而大大降低安全风险。

装配式建筑概论

图 6-3　墙板运输示意图

图 6-4　叠合板运输示意图

图 6-5　楼梯运输示意图

图 6-6　阳台板运输示意图

（4）预制构件存储堆放监管　预制构件存储是装配式建筑的重要安全风险点。预制构件种类繁多，不同的预制构件需要采用不同的存储堆放方式，堆放不当或造成构件损坏（如裂缝）将影响结构安全，或使构件倾倒发生事故。堆场应为有一定承载力的硬质水平地面。叠合楼板水平堆放，上下层之间要加入垫块，码垛层数一般不超过 6 层，如图 6-7 所示；墙板构件竖直堆放，应制作防止倾倒的专用存放架，如图 6-8 所示。

图 6-7　叠合板堆放不能超过限定层数

图 6-8　墙板立式堆放采用防止倾倒的支架

（5）预制构件吊装监管　施工企业应严格规范吊装程序，设计合理的吊装方案；监理公司应对吊装方案进行审核；政府安全管理部门应监督监理公司，审核其监理方案和监理细则，并抽查施工现场的吊装情况。

政府通过制定相关安全制度，加强技术人员培训，定期开展安全专项检查，从施工开始阶段就规范安全生产，对存在问题的项目及设备进行整顿清理，以便尽可能把安全隐患消灭于萌芽阶段。

6.3　开发企业对装配式建筑的管理

6.3.1　开发企业与装配式建筑

1. 装配式建筑给开发企业带来的好处

（1）从产品层面看　装配式建筑可以显著提高房屋的质量与使用功能，使现有建筑产品升级，为消费者提供安全、可靠、耐久、适用的产品，有效解决现浇建筑的诸多质量通病，降低顾客投诉率，提升房地产企业品牌。

（2）从投资层面看　装配式建筑组织得好可以缩短建设周期，提前销售房屋，加快资金周转率，减少财务成本。

（3）从社会层面看　装配式建筑按国家标准是四个系统（结构系统、外围护系统、内装系统、设备与管线系统）的集成，实行全装修，提倡管线分离等，对提升产品质量具有重要意义，符合绿色施工和环保节能要求，是符合社会发展趋势的建设方式。

2. 装配式建筑给开发企业带来的问题

（1）从成本角度来看　现阶段装配式建筑成本高于现浇混凝土建筑，尤其对于经济相对不发达、房屋售价不高的地区，成本增加占比相对较大，开发企业不愿意投入更多成本来建设装配式建筑。

（2）从资源角度看　装配式建筑体系产业链尚不完善，相关配套资源地区分配不均，从事或熟悉装配式建筑的设计、生产、施工、监理、检测等企业数量不多，从业人员不足，经验欠缺，给开发企业在设计生产、质量控制、监督检测等方面进行有效实施和管理带来了较多困难。

（3）从市场角度看　消费者对装配式建筑认知度不高，开发企业担心引起不必要的麻烦，因此往往弱化宣传装配式建筑。

6.3.2　开发企业对装配式建筑全过程质量管理

开发企业作为装配式建筑第一责任主体，必须对装配式建筑进行全过程质量管理。

1. 设计环节

开发企业应对以下设计环节进行管控。

（1）经过定量的方案比较，选择符合建筑使用功能、结构安全、装配式特点和成本控制要求的适宜的结构体系。

（2）进行结构概念设计和优化设计，确定适宜的结构预制范围及预制率。

（3）按照规范要求进行结构分析与计算，避免拆分设计改变初始计算条件而未做相应的调整，由此影响使用功能和结构安全。

（4）进行4个系统集成设计，选择集成化部品部件。

（5）进行统筹设计，应将建筑、结构、装修、设备与管线等各个专业以及制作、施工各个环节的信息进行汇总，对预制构件的预埋件和预留孔洞等设计进行全面细致的协同设计，避免遗漏和碰撞。

（6）设计应实现模数协调，给出制作、安装的允许误差。

（7）对关键环节设计（如构件连接、夹心保温板设计）和重要材料选用（如灌浆套筒、灌浆料、拉结件的选用）进行重点管控。

2. 构件制作环节

开发企业应对以下制作环节进行管控。

（1）按照装配式建筑标准的强制性要求，对灌浆套筒与夹心保温板的拉结件做抗拉实验。灌浆套筒作为最主要的结构连接构件，未经实验便批量制作生产，会带来重大的安全隐患。在浆锚搭接中金属波纹管以外的成孔方式也须做试验，验证后方可使用。

（2）对钢筋、混凝土原材料、套筒、预埋件的进场验收进行管控与抽查。

（3）对模具质量进行管控，确保构件尺寸和套筒与伸出钢筋的位置在允许误差之内。

（4）进行构件制作环节的隐蔽工程验收。

（5）对夹心保温板的拉结件进行重点监控，避免锚固不牢导致外叶板脱落事故。

（6）对混凝土浇筑与养护进行重点管控。

3. 施工安装环节

开发企业应对以下施工环节进行管控。

（1）构件和灌浆料等重要材料进场需验收。

（2）与构件连接伸出钢筋的位置与长度在允许偏差内。

（3）吊装环节保证构件标高、位置和垂直度准确，套筒或浆锚搭接孔与钢筋连接顺畅，严禁钢筋或套筒位置不准采用煨弯钢筋而勉强插入的做法，严格监控割断连接钢筋或者凿开浆锚孔等破坏性安装行为。

（4）构件临时支撑安全可靠，斜支撑地锚应与叠合楼板桁架筋连接。

（5）及时进行灌浆作业，随层灌浆，禁止滞后灌浆。

（6）必须保证灌浆料按规定调制，并在规定时间内使用（一般为 30 min）；必须保证灌浆饱满无空隙。

（7）对于外挂墙板，确保柔性支座连接符合设计要求。

（8）在后浇混凝土环节，确保钢筋连接符合要求。

（9）外墙接缝防水严格按设计规定作业等。

6.3.3　装配式建筑工程总承包单位的选择

工程总承包模式是适合装配式建筑建设的组织模式。开发企业在选择装配式建筑工程总承包单位时要注意以下几个要点。

（1）是否拥有足够的实力和经验。开发企业应首选具有一定市场份额和良好市场口碑且有装配式设计、制作、施工丰富经验的总承包单位。

（2）是否能够投入足够的资源。有些实力较强的工程总承包单位，由于项目过多无法投入足够的人力物力。开发企业应做好前期调研，并与总承包单位做好沟通。总承包单位能否配置关键管理人员，构件制作企业是否有足够产能等都应加以考察和关注。

6.3.4　装配式建筑监理单位的选择

开发企业选择装配式建筑的监理单位时应注意以下几个要点。

（1）熟悉装配式建筑的相关规范。目前装配式建筑正处于发展的初期阶段，相关法规、规范并不健全，监理单位应充分了解关于装配式建筑的相关规范，并能运用到日常监督工作中。

（2）拥有装配式建筑监理经验。装配式建筑的设计思路、施工工艺和工法有很多，给监理单位在审查和监督施工的施工组织设计时带来很大困难，因此监理公司的相关经验很重要，要关注监理人员是否受过专业咨训，是否有完善的装配式建筑监理流程和管理体系等。

（3）具备信息化能力。装配式建筑的监理单位应掌握 BIM 并具备相关信息化管理能力，实现预制构件生产及安装的全过程监督、监控。

6.3.5　构件制作单位的选择

我国已取消预制构件企业的资质审查认定，从而降低了构件生产的门槛。开发企业选择构件制作单位时一般有三种形式：总承包方式、工程承包方式和开发企业指定方式。一般情况下不建议采用开发企业指定的方式，避免出现问题后相互推诿。采用前两种模式选择构件制作单位时应注意以下要点。

（1）有一定的构件制作经验。有经验的预制构件企业在初步设计阶段就应提早介入，提出模数标准化的相关建议。在预制构件施工图设计阶段，预制构件企业需要对建筑图样有足够的拆分能力与深化设计的能力，考虑构件的可生产性、可安装性和整体建筑的防水防火性能等相关因素。

（2）有足够的生产能力。能够同时满足多个项目施工安装的需求。

（3）有完善的质量控制体系。预制构件企业要有足够的质量控制能力，在材料供应、检测试验、模具生产、钢筋制作绑扎、混凝土浇筑、预制件养护脱模、预制件储存和交通运输等方面都要有相应的规范和质量管控体系。

（4）有基本的生产设备及场地。要有实验检测设备及专业人员，基本生产设施要齐全，还要有足够的构件堆放场地。

（5）信息化能力。要有独立的生产管理系统，实现预制构件产品的全生命周期管理、生产过程监控系统生产管理和记录系统、远程故障诊断服务等。

6.4　监理对装配式建筑的管理

6.4.1　装配式混凝土建筑的监理管理特点

装配式建筑的监理工作超出传统现浇混凝土工程工作范围，对监理人员的素质和技术能力提出了更高的要求。这主要表现为以下几个方面。

（1）监理范围的扩大。监理工作从传统现浇作业的施工现场延伸到了预制构件工厂，须实行驻厂监理，并且监理工作要提前介入构件模具设计过程。同时要考虑施工阶段的要求，如构件重量、预埋件、机电设备管线、现浇节点模板支设和预埋等。

（2）所依据的规范增加。除了现浇混凝土建筑的所有规范外，还增加了有关装配式建筑的标准和规范。

（3）安全监理增项。在安全监理方面，主要增加了工厂构件制作、搬运和存放过程的安全监理，构件从工厂到工地运输的安全监理，构件在工地卸车、翻转、吊装、连接和支撑的安全监理，等等。

（4）质量监理增项。装配式建筑监理在质量管理基础上增加了工厂原材料和外加工部件、模具制作、钢筋加工等监理，套筒灌浆抗拉试验，拉结件试验验证，浆锚灌浆内模成孔试验验证，钢筋、套筒、金属波纹管、拉结件、预埋件入模或锚固监理，预制构件的隐蔽工程验收，工厂混凝土质量监理，工地安装质量和钢筋连接环节（如套筒灌浆作业环节）质量监理，叠合构件和后浇混凝土的混凝土浇筑质量监理，等等。

此外，由于装配式建筑的结构安全有"脆弱点"，导致旁站监理环节增加，装配式建筑在施工过程中一旦出现问题，能采取的补救措施较少，从而对监理工作能力也提出了更高的要求。

6.4.2　装配式建筑监理的主要内容

装配式建筑的监理工作内容除了现浇混凝土工程所有监理工作内容之外，还包括以下内容。

(1) 搜集装配式建筑的国家标准、行业标准和项目所在地的地方标准。

(2) 对项目出现的新工艺、新技术和新材料等编制监理细则与工作程序。

(3) 应建设单位要求，在建设单位选择总承包、设计、制作和施工企业时提供技术性支持。

(4) 参与组织设计和制作以及与施工方的协同设计。

(5) 参与组织设计交底与图样审查，重点检查预制构件图各专业、各环节需要的预埋件、预埋物有无遗漏或"撞车"。

(6) 对预制构件工厂进行驻厂监理，全面监理构件制作各环节的质量与生产安全。

(7) 对装配式建筑安装进行全面监理，监理各作业环节的质量与生产安全。

(8) 组织工程的各工序验收。

6.4.3　驻厂监理的主要内容

驻厂监理对混凝土预制构件制作管理的主要内容见表6-1。

表6-1　预制构件工厂监理内容一览

准备	构件图样会审与技术交底	参与
	工厂技术方案	审核
原材料	套筒或金属波纹管	检查资料，参与或抽查实物检验
	外加工的桁架筋	到钢筋加工厂监理和参与进场验收
	钢筋	检查资料，参与或抽查实物检验
	水泥	检查资料，参与或抽查实物检验
	细骨料（砂）	检查资料，参与或抽查实物检验
	粗骨料（石子）	检查资料，参与或抽查实物检验
	外加剂	检查资料，参与或抽查实物检验
	吊点、预埋件、预埋螺母	检查资料，参与或抽查实物检验
	钢筋间隔件（保护层垫块）	检查资料，参与或抽查实物检验
	装饰一体化构件用的瓷砖、石材、不锈钢挂钩	检查资料，参与或抽查实物检验
	隔离剂	检查资料，参与或抽查实物检验
	门窗一体化构件用的门窗	检查资料，参与或抽查实物检验
	防雷引下线	检查资料，参与或抽查实物检验
	需预埋到构件中的管线、埋设物	检查资料，参与或抽查实物检验

准备	构件图样会审与技术交底	参与
	工厂技术方案	审核
试验	钢筋套筒灌浆抗拉试验	旁站监理，审查试验结果
	混凝土配合比设计、试验	复核
	夹心保温板拉结件试验	检查资料，参与或抽查实物检验
	浆锚搭接金属波纹管以外的成孔试验验收	审查试验结果
模具	模具进场检验	检查
	模具首个构件检验	检查
	模具组装检查	抽查
	门窗一体化构件门窗框入模	抽查
	装饰一体化瓷砖或石材入模	抽查
钢筋	PC构件钢筋制作与骨架	抽查
	钢筋骨架入模	抽查
	套筒或浆锚孔内模或金属波纹管入模、固定	检查
	吊点、预埋件、预埋物入模、固定	抽查
	隐蔽工程验收	检查、签字，隐蔽工程检查验收记录
混凝土浇筑、养护、脱模	混凝土搅拌站配合比计量复核	检查
	混凝土浇筑、振捣	抽查
	混凝土试块取样	检查
	夹心保温板拉结件插入外叶板	检查
	静停、升温、恒温、降温控制	抽查
	脱模强度控制	审核
	脱模后构件初检	检查
夹心保温板后续制作	夹心保温构件保温层铺设	抽查
	夹心保温构件内叶板钢筋入模	抽查
	夹心保温构件内叶板浇筑	抽查

（续表）

准备	构件图样会审与技术交底	参与
	工厂技术方案	审核
验收与出厂	构件修补	审核方案、抽查
	构件标识	抽查
	构件堆放	抽查
	构件出厂检验	验收、签字
	构件装车	抽查
	第三方检验项目取样	检查
	检查工厂技术档案	复核

6.4.4　装配式建筑施工安装监理的主要内容

监理对装配式混凝土建筑施工环节管理的主要内容见表 6-2。

表 6-2　装配式混凝土建筑施工监理内容

类别	监理项目	监理内容
准备	图样会审与技术交底	参与
	施工组织设计	审核
	重要环节技术方案制定	参与、审核
部品部件	PC 构件入场验收	参与、全数核查
	其他部品入场验收（门窗、内隔墙、集成浴室、集成厨房、集成收纳柜等。）	参与、抽查
工地原材料	灌浆料	检查资料、参与验收实物
	钢筋	检查资料、参与验收实物
	商品混凝土	检查资料、参与验收实物
	临时支撑预埋件	检查资料、参与验收实物
	安装构件所用的螺栓、螺母、连接件、垫块	检查资料、参与验收实物
	构件接缝保温材料	检查资料、参与验收实物
	构件接缝防水材料	检查资料、参与验收实物
	构件接缝防火材料	检查资料、参与验收实物
	防雷引下线连接用材料和防锈蚀材料	检查资料、参与验收实物
	临时支撑设施	抽查

（续表）

类别	监理项目	监理内容
试验	受力钢筋套筒抗拉试验	全程检查、审核结果
	吊具检验	检查
安装前作业	现浇混凝土伸出钢筋精度控制、检查	检查
	安装部位混凝土质量检查	检查
	放线测量方案与控制点复核	检查
	剪力墙构件灌浆分隔（分舱）方案审查	审核
构件吊装	构件安装定位	检查
	构件支撑	检查
	灌浆作业	旁站全程监理
构件吊装	外墙挂板、楼梯板等螺栓固定	检查
	防雷引下线连接	检查
后浇混凝土施工	后浇筑混凝土钢筋加工	抽查
	后浇筑混凝土钢筋入模	检查
	后浇混凝土支模	检查
	后浇混凝土隐蔽工程验收	检查、签字，隐蔽工程验收记录
	叠合层管线敷设	抽查
	后浇混凝土浇筑	抽查
	后浇混凝土的混凝土试块留样	抽查
	后浇混凝土养护	抽查
其他安装	构件接缝处的保温、防水、防火施工	抽查
	其他部品安装	抽查
工程验收	安装工程验收	验收、签字
	工程技术档案	抽查

6.5　装配式建筑与工程总承包模式管理

6.5.1　工程总承包与施工总承包

工程总承包是一种国际上通行的工程建设项目组织管理形式，是指从事工程总承包的企业按照与建设单位签订的合同，对工程项目的设计、采购、施工等实行全过程承包，并对工程的质量、安全、工期和造价等全面负责的承包方式。

施工总承包是我国当前较普遍采用的一种工程组织形式，一般包括土建、安装等工程。原则上，工程施工部分只有一个总承包单位，装饰、安装部分可以在法律条件允许下分包给第三方施工单位。一般来说，土建施工单位在建筑工程中就是法律意义上的施工总承包单位。

工程总承包负责的内容比施工总承包多，主要是多了对工程设计的承包内容。其借鉴了工业生产组织的经验，实现建设生产过程的组织集成化，从而在一定程度上克服了设计与施工分离导致的投资增加、管理不协调、影响建设进度和工程质量等弊病。

6.5.2　工程总承包的优势

工程总承包与我国当前较普遍采用的施工总承包相比，有以下几个优势。

（1）可以有效控制投资。采用工程总承包通常签订固定总价合同，一般不得因设计深度、施工组织等因素调整合同总价，从而使业主可有效规避承包单位通过各种手段变相增加费用的风险，使工程投资可控。

（2）可以有效控制工期。工程总承包方通过对设计、施工和采购的统筹安排，能使效率显著提高，可以缩短工期。

（3）可以有效控制质量安全。工程总承包可实现建设全过程的协同，更有效地克服设计、施工和采购分离而造成的相互制约和脱节的矛盾，更易明确工程建设中的安全责任，从机制上确保工程建设的质量安全。

6.5.3　工程总承包的组织方式

工程总承包在国际上发展较为成熟，但在我国还处于起步阶段。国际上的工程总承包有以下三种主要方式。

（1）由建筑师总负责，作为工程总承包方。即由建筑师从建筑设计到工程竣工甚至使用质保期的全过程，全权履行建设单位赋予的领导组织权利，最终将符合建设单位要求的建筑工程完整地交付建设单位。这使建筑师从传统单一的设计工作扩展到了建造施工阶段，直到工程竣工，其主要的服务内容包括项目设计、施工管理和质保跟踪三大部分。

（2）由具有工程总承包资质的企业作为工程总承包方。这种方式要求这个企业必须有设计能力、施工安装能力和构件部品制作的能力，从而对企业的规模、资金和技术实力都有一定的要求。

（3）由设计、施工和制作等专业企业组成联合体作为工程总承包方。这是一种较为松散的模式，联合体内的企业之间通过签订合同明确总负责单位及各自的权利义务，共同承接工程总承包的项目建设和管理工作。

6.5.4　装配式混凝土建筑与工程总承包

据统计，我国工程建设 30% 存在返工现象，40% 存在工期延误和资源浪费现象。

造成这些问题的因素很多，其中一个重要因素是参建各方责任主体间的信息不能共享以及交流不畅，导致不能相互高效协同。

与现浇混凝土建筑相比，装配式建筑对设计、施工和部品部件制作的相互协调提出了更高的要求，需要建设全过程各环节高效协同。装配式混凝土建筑在设计时要充分考虑制作、安装甚至后期管理环节的要求和可能出现的问题。一个预制构件可能涉及的预埋件就达到十几种，如果各专业和各环节协同不够，就可能遗漏并导致在制作好的构件上砸墙凿洞，带来结构安全隐患。

实行工程总承包有利于促进设计、制作和施工各环节的协同，克服传统中由于设计、制作、施工分离导致的责任分散、成本增加、工期延长、技术衔接不好和质量管控难等弊病；有利于装配式混凝土建筑成本控制，在设计时即可从更有利于降低施工和生产成本方面提出优化方案，从整体上进行成本控制。所以工程总承包方式特别适合装配式混凝土建筑工程。

6.6 设计单位对装配式建筑的管理

设计单位对装配式建筑设计的管理要点包括统筹管理、建筑师与结构设计师主导、三个提前、建立协同平台和设计质量管理重点。

6.6.1 统筹管理

装配式建筑设计是一个有机的整体，不能对之进行"拆分"，而应当更紧密地统筹。除了建筑设计各专业外，必须对装修设计统筹，对拆分和构件设计统筹，即使有些环节委托专业机构参与设计，也必须在设计单位的组织领导下进行，纳入统筹范围。

6.6.2 建筑师与结构设计师主导

装配式建筑的设计应当由建筑师和结构设计师主导，而不是常规设计之后交由拆分机构主导。建筑师要组织好各专业的设计协同和4个系统部品部件的集成化设计。

6.6.3 三个提前

（1）关于装配式的考虑要提前到方案设计阶段。

（2）装修设计要提前到建筑施工图设计阶段，与建筑、结构和设备管线各专业同步进行，而不是在全部设计完成之后才开始。

（3）同制作、施工环节人员的互动与协同应提前到施工图设计之初，而不是在施工图设计完成后进行设计交底的时候才接触。

6.6.4　建立协同平台

预制混凝土装配式建筑强调协同设计。协同设计就是一体化设计，是指建筑、结构、水电、设备与装修等专业互相配合；设计、制作和安装等环节互动；运用信息化技术手段进行一体化设计，以满足制作、施工和建筑物长期使用的要求。

预制混凝土装配式建筑强调协同设计主要有以下原因。

（1）装配式建筑的特点要求部品部件相互之间精准衔接，否则无法装配。

（2）现浇混凝土建筑虽然也需要各专业间的配合，但不像装配式建筑要求这么紧密和精密。装配式建筑各专业集成的部品部件必须由各专业设计人员协同设计。

（3）现浇混凝土建筑的许多问题可在现场施工时解决或补救，而装配式建筑一旦有遗漏或出现问题则很难补救，也可以说预制混凝土装配式建筑对设计时的选漏和错误宽容度很低。

图 6-9 是一个安装好的预制墙板，因为设计时沟通不细，构件设计图中没有埋设电气管线的内容，构件安装后才发现无法敷设电线，不得不在构件上凿沟埋线。这样做不仅麻烦，而且破坏了结构构件的完整，会形成结构安全隐患。

预制混凝土装配式建筑设计是一个有机的过程。"装配式"的概念应伴随设计全过程，需要建筑师、结构设计师和其他专业设计师密切合作与互动，还需要设计人员同制作厂家与安装施工单位的技术人员密切合作及互动，从而实现设计的全过程协同。

图 6-9　预制构件后期开槽

6.6.5　设计质量管理重点

预制混凝土装配式建筑的设计深度和精细程度要求更高，一旦出现问题，往往无法补救，造成很大损失并延误工期。因此必须保证设计质量，注意以下重点。

（1）结构安全是设计质量管理的重中之重。由于预制混凝土装配式建筑的结构设计与机电安装、施工、管线铺设和装修等环节需要高度协同，专业交叉多且系统性强，在结构设计过程中还涉及结构安全等问题，因此应当重点加强管控，实行风险清单管理，如夹心保温连接件与关键连接节点的安全问题等必须列出清单。

（2）必须满足相关规范、规程、标准和图集的要求。满足规范要求是保证结构设计质量的首要保证。设计人员必须充分理解和掌握规范、规程的相关要求，从而在设计上做到有的放矢和准确灵活应用。

（3）必须满足《建筑工程设计文件编制深度规定》的要求。2015 年出版的《建筑工程设计文件编制深度规定》作为国家性建筑工程设计文件编制工作的管理指导文件，对装配式建筑设计文件从方案设计、初步设计、施工图设计、PC 专项设计的文件编制深度做了全面的补充，是确保各阶段设计文件质量和完整性的权威规定。

（4）编制统一技术管理措施。根据不同的项目类型特点，制定统一的技术措施，这样就不会因为人员变动而带来设计质量的波动，甚至在一定程度上可以降低设计人员水平的差异，使得设计质量保持稳定。

（5）建立标准化的设计管控流程。装配式建筑的设计有其自身的规律性，依据其规律性制定标准化设计管控流程，对项目设计质量提升具有重要意义。一些标准化、流程化的内容甚至可以使用软件来控制，形成后台的专家管理系统，从而更好地保证设计质量。

（6）建立设计质量管理体系。在传统设计项目上，相关设计院已形成的质量管理标准和体系（如校审制度、培训制度和设计责任分级制度），都可以在装配式建筑上延用，并进一步扩展补充，建立新的协同配合机制和质量管理体系。

（7）采用 BIM 技术设计。按照《装配式混凝土建筑技术标准》3.0.6 条要求：装配式混凝土建筑宜采用建筑信息模型（BIM）技术，实现全专业、全过程的信息化管理。采用 BIM 技术对提高工程建设一体化管理水平具有重要作用，极大地避免了人工复核带来的局限，在从技术上提升的同时保证了设计的质量和工作效率。

6.7　制作企业对装配式建筑的管理

混凝土预制构件制作企业管理内容包括生产管理、技术管理、质量管理、成本管理、安全管理和设备管理等。本节主要讨论生产管理、技术管理、质量管理和成本管理。

6.7.1　生产管理

生产管理的主要目的是按照合同约定的交货期交付合格的产品，主要包括以下内容。

（1）编制生产计划。根据合同约定和施工现场安装顺序与进度要求，编制详细的构件生产计划；根据构件生产计划编制模具制作计划、材料计划、配件计划、劳保用品和工具计划、劳动力计划、设备使用计划和场地分配计划等。

（2）实施各项生产计划。

（3）按实际生产进度检查、统计、分析。建立统计体系和复核体系，准确掌握实际生产进度，对生产进程进行预判，预先发现影响计划实现的问题和障碍。

（4）调整、调度和补救生产计划。可通过调整计划，调动资源（如加班、增加人员和增加模具等），或采取补救措施（如增加固定模台等），及时解决影响生产进度的问题。

6.7.2 技术管理

混凝土预制构件制作企业技术管理的主要目的是按照设计图样和行业标准、相关国家标准的要求，生产出安全可靠、品质优良的构件，主要包括以下内容。

（1）根据产品特征确定生产工艺，按照生产工艺编制各环节操作规程。

（2）建立技术与质量管理体系。

（3）制定技术与质量管理流程，进行常态化管理。

（4）全面领会设计图样和行业标准、相关国家标准关于制作的各项要求，制定落实措施。

（5）制定各作业环节和各类构件制作技术方案。

6.7.3 质量管理

1. 质量管理的主要内容

（1）《装配式混凝土建筑技术标准》9.1.1 条规定：生产单位应具备保证产品质量要求的生产工艺设施与试验检测条件，建立完善的质量管理体系和制度，并应建立质量可追溯的信息化管理系统。因此，构件制作工厂在质量管理上应当建立质量管理体系、制度和信息管理化系统。

（2）质量管理体系应建立与质量管理有关的文件形成过程和控制工作程序，应包括文件的编制（获取）、审核、批准、发放、变更和保存等。与质量管理有关的文件包括法律法规和规范性文件、技术标准、企业制定的质量手册、程序文件和规章制度等质量体系文件。

（3）信息化管理系统应与生产单位的生产工艺流程相匹配，贯穿整个生产过程，并应与构件 BIM 信息模型有接口，有利于在生产全过程中控制构件生产质量，并形成生产全过程记录文件及影像。

2. 质量管理的特点

混凝土预制构件制作企业质量管理主要围绕预制构件质量、交货工期、生产成本等开展工作，有如下特点。

（1）标准为纲

构件制作企业应制定质量管理目标、企业质量标准，执行国家及行业现行相关标准，制定各岗位工作标准、操作规程、原材料及配件质量检验制度、设备运行管理规定及保养措施，并以此为标准开展生产。

（2）培训在先

构件制作企业应先行组建质量管理组织架构，配备相关人员并按照岗位进行理论培训和实践培训。

（3）过程控制

按照标准与操作规程，严格检查预制混凝土生产各环节是否符合质量标准要求，对容易出现质量问题的环节要提前预防并采取有效的管理手段和措施。

（4）持续改进

对出现的质量问题要找出原因，提出整改意见，确保不再出现类似的质量事故。对使用新工艺、新材料、新设备等环节的人员要先行培训，并制定标准后再开展工作。

6.7.4 成本管理

目前我国预制混凝土装配式建筑成本高于现浇混凝土建筑成本，其主要原因有：一是社会因素，市场规模小，导致生产摊销费用高；二是结构体系不成熟或技术规范相对审慎所造成的成本高；三是没能形成专业化生产，构件工厂生产的产品的品种多，无法形成单一品种大规模生产。降低制作企业生产成本主要有以下途径。

1. 降低建厂费用

（1）根据市场的需求和发展趋势，明确产品定位，可以做多样化的产品生产，也可以选择生产一种产品。

（2）确定适宜的生产规模，可以根据市场规模逐步扩大。

（3）从实际生产需求、生产能力和经济效益等多方面综合考虑，确定生产工艺，选择固定台模生产方式或流水线生产方式。

（4）合理规划工厂布局，节约用地。

（5）制定合理的生产流程及转运路线，减少产品转运。

（6）选购合适的生产设备。

构件制作企业在早期可以通过租厂房、购买商品混凝土以及采购钢筋成品等社会现有资源启动生产。

2. 优化设计

在设计阶段要充分考虑构件拆分和制作的合理性，尽可能减少规格型号，注重考虑模具的通用性和可修改替换性。

3. 降低模具成本

模具费占构件制作费用的 5％～10％。根据构件复杂程度及构件数量，可选择不同材质和不同规格的材料来降低模具造价，例如使用水泥基替代性模具。通过增加模具周转次数和合理改装模具，从而降低构件成本。

4. 合理的制作工期

与施工单位做好合理的生产计划，确定合理的工期，可保证项目的均衡生产，降低人工成本、设备设施费用、模具数量以及各项成本费用的分摊额，从而达到降低预制构件成本的目的。

5. 有效管理

通过有效的管理，建立健全并严格执行管理制度，制定成本管理目标，改善现场管理，减少浪费，加强资源回收利用；执行全面质量管理体系，降低不合格品率，减少废品；合理安排劳动力计划，降低人工成本。

6.8 施工企业对装配式建筑的管理

预制混凝土装配式建筑的工程施工管理与传统现浇建筑工程施工管理大体相同，同时具有一定的特殊性。对于预制混凝土装配式建筑的施工企业管理（不但要建立传统工程应具备的项目进度管理体系、质量管理体系、安全管理体系、材料采购管理体系以及成本管理体系等，还需针对预制混凝土装配式建筑工程施工的特点，进行相应的施工管理（包括构件越重吊装、构件安装及连接、注浆顺序、构件的生产、运输和进场存放和塔式起重机安装位置等）完善相应的管理体系。

6.8.1 装配式混凝土建筑与现浇建筑施工管理的不同点

装配式建筑与传统现浇建筑在施工管理上有以下不同点。

（1）作业环节不同，增加了预制构件的安装和连接。

（2）管理范围不同，不仅管理施工现场，还要前伸到混凝土预制构件的制作环节，如技术交底、计划协调和构件验收等。

（3）与设计的关系不同，原来是按照图施工，现在设计还要反过来考虑施工阶段的要求，如构件重量、预埋件、机电设备管线和现浇节点模板支设预埋等。设计阶段由施工过程中的被动式变成互动式。

（4）施工计划不同，施工计划分解更详细，不同工种要有不同工种的计划。

（5）所需工种不同，除传统现浇建筑施工工种外，还增加了起重工、安装工、灌浆料制备工、灌浆工及部品安装工。

（6）施工设备不同，需要吊装大吨位的预制构件，因此对起重机设备要求不同。

（7）施工工具不同，需要专用吊装架、灌浆料制备工具、灌浆工具以及安装过程中的其他专用工具。

（8）施工设施不同，需要施工中固定预制构件使用的斜支撑、叠合楼板的支撑、外脚手架和防护措施等。

（9）测量放线工作量不同，测量放线工作量加大。

（10）施工精度要求不同，尤其是在现浇与混凝土预制构件连接处的作业精度要求更高。

6.8.2 装配式混凝土建筑施工质量管理的关键环节

预制混凝土装配式建筑施工质量管理的关键环节直接影响整体结构质量，必须高度重视。

（1）现浇层预留插筋定位环节。现浇层预留插筋定位不准，会直接影响到上层预制墙板或柱的套筒无法顺利安装。预埋插筋时，宜采用事先制作好的定位钢板定位插筋，可以有效解决这一问题。

（2）吊装环节。吊装环节是装配式建筑工程施工的核心工序，吊装的质量和进度将直接影响主体结构质量及整体施工进度。

（3）灌浆环节。灌浆质量的好坏直接影响到竖向构件的连接，灌浆质量出现问题将对整体的结构质量产生致命影响，必须严格管控。施工时要有专职质检员及监理旁站，并留影像资料。灌浆料要符合设计要求，灌浆人员要经过严格培训方可上岗。

（4）后浇混凝土环节。后浇混凝土是预制构件横向连接的关键，要保证混凝土强度等级符合设计标准，浇筑振捣要密实，浇筑后要按规范要求进行养护。

（5）外挂墙板螺栓固定环节。外挂墙板螺栓固定质量的好坏直接影响到外围护结构的安全，因此要严格按设计及规范要求施工。

（6）外墙打胶环节。外墙打胶关系到预制混凝土装配式建筑结构的防水，一旦出现问题，将产生严重的漏水隐患。因此，打胶环节要使用符合设计标准的原材料，打胶操作人员要经过严格培训方可施工。

6.9 装配式混凝土建筑质量管理概述

6.9.1 装配式混凝土建筑质量管理的特点

装配式混凝土建筑是建筑体系与运作方式的变革，对建筑质量提升有巨大的推动作用，同时形成了区别于现浇混凝土建筑的质量管理特点，主要有以下几个。

（1）"一点管理"与"多点管理"。装配式混凝土建筑质量管理把一个工程的若干环节从工地现浇转移到了工厂预制，使以往只在建筑工地进行的"一点管理"变成了在建筑工地和若干预制工厂进行的"多点管理"，因此需要增加驻厂监理对工厂预制环节进行质量管理，并要与现场的质量监理进行随时互动沟通，以便及时应对解决各种问题。

（2）构件精度管理。预制构件制作过程中，对构件尺寸、预埋件位置、预留钢筋位置、预留孔洞位置或角度等的精度要求较高，误差需以毫米为单位计算，误差较大则无法装配，导致构件报废。

（3）特殊工艺的质量管理。装配式混凝土建筑可以采用与现浇混凝土建筑完全不同的制作工艺来实现建筑、结构装饰的集成化或一体化，如建筑外墙保温可采用夹心保温方式，即通常说的"三明治外墙板"。类似这种制作工艺，需要构件制作工厂和监理单位共同研究制定专项质量管理办法。

（4）"脆弱点"的质量管理。装配式混凝土建筑质量管理有"脆弱点"，即连接点、拉结件及部分敏感工艺。若这些"脆弱点"质量控制不好，则无论是技术原因还是责任原因，都会导致非常严重的、甚至灾难性后果。因此，装配式混凝土建筑质量管理中一般都推荐用"旁站监理"来专门对"脆弱点"进行专项质量管理。

6.9.2 装配式混凝土建筑常见的质量问题和隐患

表 6-3 列出了装配式混凝土建筑在设计、材料与部件采购、构件制作、堆放和运输、安装等五个质量管控关键方面常见的质量问题或隐患以及其危害、产生原因和预防措施等。

表 6-3　装配式混凝土建筑的常见质量问题和隐患一览表

关键点	序号	质量问题或隐患	危害	原因	检查	预防与处理措施
1. 设计	1.1	套筒保护层不够	影响结构耐久性	先按现浇设计再按装配式拆分时没有考虑保护层问题	设计负责人	(1) 装配式设计从项目设计开始就同步进行 (2) 设计单位对装配式结构建筑的设计负全责，不能交由拆分设计单位或工厂承担设计责任
	1.2	各专业预埋件、埋设物等没有设计到构件制作图中	现场后锚固或开凿混凝土，影响结构安全	各专业设计协同不好	设计负责人	(1) 建立以建筑设计师牵头的设计协同体系 (2) PC 制作图应经过设计、制作及施工方共同会审 (3) 应用 BIM 系统
	1.3	制作、吊运、施工环节需要的预埋件或孔洞在构件设计中没有考虑	现场后锚固或开凿混凝土，影响结构安全	设计时没有与制作、安装技术人员互动	建设单位项目负责人	在设计阶段，就应统筹设计制作、施工企业各方协同
	1.4	预制构件局部地方钢筋、预埋件、预埋物太密，导致混凝土无法浇筑	局部混凝土质量受到影响；预埋件锚固不牢，影响结构安全	设计协同不好	设计负责人	(1) 建立以建筑设计师牵头的设计协同体系 (2) PC 制作图应经过各相关专业环节共同会审 (3) 应用 BIM 系统

（续表）

关键点	序号	质量问题或隐患	危害	原因	检查	预防与处理措施
1. 设计	1.5	拆分不合理	或结构不合理；或规格太多影响成本；或不便于安装	拆分设计人员没有经验、与工厂、安装企业沟通不够	设计负责人	(1) 有经验的拆分人员在结构设计师的指导下拆分；(2) 拆分设计时与工厂和安装企业沟通
	1.6	没有给出构件堆放、安装后支撑的要求	因支承不合理导致构件裂缝或损坏	设计师认为此项工作是工厂、安装企业的责任而未予考虑	设计负责人	构件堆放和安装后临时支撑应作为构件制作图设计的不可遗漏的部分
	1.7	外挂墙板设计活动节点	主体结构发生较大层间位移时，墙板被拉裂	对外挂墙板的连接原则与原理不清楚	设计负责人	墙板连接设计时必须考虑对主体结构变形的适应性
2. 材料与部件采购	2.1	套筒、灌浆料选用了不可靠的产品	影响结构耐久性	设计没有明确要求或设计没按照设计要求采购；不合理地降低成本	总包企业质量总监、工厂总工、驻厂监理	(1) 设计应提出明确要求；(2) 按设计要求采购；(3) 套筒与灌浆料应采用匹配的产品；(4) 工厂进行试验验证；
	2.2	夹心保温板拉结件选用了不可靠产品	连接件损坏、保护层脱落造成安全事故，影响外墙板安全	设计没有明确要求或没按照设计要求采购；不合理地降低成本	总包企业质量总监、工厂总工、驻厂监理	(1) 设计应提出明确要求；(2) 按设计要求采购；(3) 采购经过试验及项目应用过的产品；(4) 工厂进行试验验证；

（续表）

关键点	序号	质量问题或隐患	危害	原因	检查	预防与处理措施
2.材料与部件采购	2.3	预埋螺母、螺栓选用了不可靠的产品	脱模、转运、安装等过程存在安全隐患，容易造成安全事故或构件损坏	没有选用专业厂家生产的合格产品	总包企业质量总监、工厂总工、驻厂监理	（1）总包和工厂技术部门选择厂家； （2）采购有经验的专业厂家的产品； （3）工厂做试验检验
	2.4	接缝橡胶条弹性不好	结构发生层间位移时，构件活动空间不够	（1）设计没有给出弹性要求； （2）没按照设计要求选用； （3）不合理地降低成本	设计负责人、总包企业质量总监、监理	（1）上级应提出明确要求； （2）按设计要求采购； （3）样品做弹性压缩性试验
	2.5	接缝用的建筑密封胶不适合用于混凝土构件接缝	接缝处年久容易漏水，影响结构安全	没按照设计要求；不合理地降低成本	设计负责人、总包企业质量总监、工地监理	（1）按设计采购； （2）采购经过试验验证可靠或项目应用过的产品
	2.6	防雷引下线选用了防锈蚀没有保障的材料	生锈，脱落	选用合格的防雷引下线	设计负责人、总包企业质量总监、工地监理	（1）按设计要求采购； （2）采购经过试验验证可靠或项目应用过的产品
3.构件制作	3.1	混凝土强度不足	形成结构安全隐患	搅拌混凝土时，配合比出现错误或使用出现错误的原材料	试验室负责人	混凝土搅拌前由试验室相关人员确认混凝土配合比和原材料使用是否正确。确认无误后，方可搅拌混凝土

（续表）

关键点	序号	质量问题或隐患	危害	原因	检查	预防与处理措施
3. 构件制作	3.2	混凝土表面出现蜂窝、孔洞、夹渣	构件耐久性差，影响结构使用寿命	漏振或振捣不实；浇筑方法不当；不分层或分层过厚；模板接缝不严、漏浆；模板表面污染未及时清除	质检员	浇筑前要清理模具，模具组装要牢固，混凝土要分层振捣，振捣时间要充足
	3.3	混凝土表面疏松	构件耐久性差，影响结构使用寿命	漏振或振捣不实	质检员	振捣时间要充足
	3.4	混凝土表面龟裂	构件耐久性差，影响结构使用寿命	搅拌混凝土时水灰比过大	质检员	要严格控制混凝土的水灰比
	3.5	混凝土表面出现裂缝	影响结构可靠性	构件养护不足；浇筑完成后混凝土静养时间不到就开始蒸汽养护或蒸汽养护后脱模温差较大	质检员	在蒸汽养护之前，混凝土构件要静养2h；脱模后要放在厂房内保持适宜温度；构件养护要及时
	3.6	混凝土预埋件附近出现裂缝	造成埋件握力不足，形成安全隐患	构件制作完成后，在模具上固定埋件的螺钉（栓）拧下过早	质检员	固定预埋件的螺钉（栓）要在养护结束后拆卸
	3.7	混凝土表面起灰	构件抗冻性差，影响结构稳定性	搅拌混凝土时水灰比过大	质检员	要严格控制混凝土的水灰比

（续表）

关键点	序号	质量问题或隐患	危害	原因	检查	预防与处理措施
	3.8	露筋	钢筋没有保护层，钢筋生锈后膨胀，导致构件损坏	漏振或振捣不实；或保护层垫块间隔过大	质检员	制作时振捣不能形成漏振，振捣时间要充足；工艺设计给出保护层垫块的间距
	3.9	钢筋保护层厚度不足	钢筋保护层不足，容易造成漏筋现象，导致构件耐久性降低	构件制作时预先放置了错误的保护层垫块	质检员	制作时要严格按照图样上标注的保护层厚度来安装保护层垫块
	3.10	外伸钢筋数量或直径不对	构件无法安装，成为废品	钢筋加工错误，检查人员没有及时发现	质检员	钢筋制作要严格检查
	3.11	外伸钢筋位置误差过大	构件无法安装	钢筋加工错误，检查人员没有及时发现	质检员	钢筋制作要严格检查
3.构件制作	3.12	外伸钢筋伸出长度不足	连接或锚固长度不够，形成结构安全隐患	钢筋加工错误，检查人员没有及时发现	质检员	钢筋制作要严格检查
	3.13	套筒、浆锚孔、预留件位置出现偏差	构件无法安装，成为废品	构件制作时检查人员和制作工人没能及时发现	质检员	制作工人和质检员要严格检查
	3.14	套筒、浆锚孔、钢筋预留孔不垂直	构件无法安装，成为废品	构件制作时检查人员和制作工人没能及时发现	质检员	制作工人和质检员要严格检查
	3.15	缺棱掉角、破损	外观质量不合格	构件脱模强度不足	质检员	构件在脱模前要有试验室给出的强度报告，达到脱模强度后方可脱模

（续表）

关键点	序号	质量问题或隐患	危害	原因	检查	预防与处理措施
3.构件制作	3.16	尺寸偏差超过容许偏差	构件无法安装，成为废品	模具组装错误	质检员	组装模具时制作工人和质检人员要严格按照图样尺寸组模
	3.17	夹心保温板结拉结处空隙太大	造成冷桥现象	安装保温板结拉结件不细心	质检员	安装时安装工人和质检人员要严格检查
	3.18	夹心保温板拉结件锚固不牢	存在脱落安全隐患	(1)未选用合格拉结件; (2)未严格遵守拉结件制作工艺要求	质检员	安装时安装工人和质检人员要严格检查
4.堆放和运输	4.1	支撑点位置不对	构件断裂，成为废品	(1)设计没有给出支撑点的具体规定; (2)支撑点没按设计要求布置; (3)传递不平整; (4)支垫高度不一	工厂质量总监	设计时而给出堆放的技术要求; 工厂和施工企业要严格按设计要求堆放
	4.2	构件镭蚀损坏	外观质量不合格	(1)吊点设计不平衡; (2)吊运过程中没有保护构件	质检员	(1)设计吊点考虑重心平衡; (2)吊运过程中要对构件进行保护，落吊时吊装速度要降慢
	4.3	构件被污染	外观质量不合格	堆放、运输和安装过程中没有做好构件保护	质检员	要对构件进行苫盖，工人不能带油手套去触摸构件
5.安装	5.1	与预制构件连接的钢筋误差过大、加热爆弯钢筋	钢筋热处理后影响强度及结构安全	现浇钢筋或外露钢筋定位不准确	质检员、监理	(1)现浇混凝土时用专用模板定位; (2)浇筑混凝土前严格检查

（续表）

关键点	序号	质量问题或隐患	危害	原因	检查	预防与处理措施
	5.2	套筒或浆锚预留孔堵塞	灌浆料灌不进去或灌不满影响结构安全	残留混凝土浆料或异物进入	质检员	(1) 固定套管的对拉螺栓锁紧； (2) 脱模后出厂前要严格检查；
	5.3	灌浆不饱满	影响结构安全的重大隐患	工人责任心不强，或作业时灌浆泵发生故障	质检员、监理	(1) 配备有备用灌浆设备； (2) 质检员和监理全程旁站监督；
	5.4	安装误差大	影响美观和耐久性	构件几何尺寸偏差大或安装偏差大	质检员、监理	(1) 及时检查模具； (2) 调整安装偏差；
5.安装	5.5	临时支撑点数量不够或位置不对	构件安装过程支撑力不够影响结构安全和作业安全	制作环节遗漏或设计环节不对	质检员	(1) 及时检查； (2) 设计与安装生产环节要提前沟通好；
	5.6	后浇筑混凝土钢筋连接不符合要求	影响结构安全的隐患	作业空间窄小或工人责任心不强	质检员、监理	(1) 后浇区设计要考虑作业空间； (2) 做好隐蔽工程检查；
	5.7	后浇混凝土出现蜂窝、麻面、胀模	影响结构耐久性	混凝土质量不合格；振捣不均匀；模板固定不牢	监理	(1) 严格要求混凝土质量； (2) 按要求加固现浇处模板； (3) 振捣及时、方法得当
	5.8	防雷引下线的连接不好或者连接处防锈蚀处理不好	生锈、脱落	(1) 选用合格的防雷引下线； (2) 严格按照正确的安装工艺操作	监理	(1) 按设计要求采购； (2) 及时检查、及时处理；

装配式建筑的核心是连接，因此除了上表中所列的各项之外，所有涉及连接的地方（无论是在工厂中制作夹心保温板时内叶墙和外叶墙之间的拉结件连接，还是现场安装中的灌浆套筒连接、金属波纹管连接或现浇混凝土的连接），都是质量控制关键中的关键，必须重点管控。

 情景作业

1. 政府对装配式建筑的质量监管有哪些内容？
2. 开发企业如何对装配式建筑施工安装环节进行质量管理？
3. 装配式建筑监理的主要内容有哪些？
4. 制作企业如何对装配式建筑进行成本管理？
5. 施工企业对装配式建筑管理的主要内容有哪些？

情景 7　装配式建筑的集成、模数化、数据化

情景导读

工程案例：上海金山华纺装配式项目子项目6#楼为住宅楼，位于上海金山工业区。预制层：6#楼地下一层，地上十七层，预制范围为地上四至十七层；预制构件：叠合外墙板、叠合楼板和预制楼梯；结构体系：预制叠合剪力墙结构；项目在实施中采用BIM技术。

运用BIM建模：通过总体模型的建立，可以确定构件拆分范围，确定构件的连接方式，计算总体现浇混凝土量。通过建筑模型进行构件深化，将各预制构件深化建模。各预制构件信息包括：结构钢筋、结构构造钢筋、补强钢筋、桁架筋、连接套筒埋件、斜支撑埋件、吊钉、水电预留预埋和窗框门框预埋等。

运用BIM技术预拼装：预制装配式设计、生产和施工都必须精细化，如果在设计或生产过程中钢筋的位置出现允许范围以外的偏差，那么就会产生施工时构件对接不上的情况。例如，构件与构件之间的连接件如果不精确定位，那么在施工现场就会因构件连接不上而造成预制构件无法使用，造成不必要的损失。再加，构件与构件之间的钢筋出现碰撞，在施工现场处理起来很困难，不仅会拖延工期，而且会大大增加成本。因此，利用BIM对预制构件进行预拼装，可以有效避免这类问题。经过预拼装，我们可以将构件之间的连接件精确定位在一起。同时，可以精确定位构件的钢筋，确保钢筋和钢筋之间不出现碰撞。例如，为防止和现浇暗柱纵筋碰撞，梁底筋和筋可在工厂提前做好1:6放坡。

如何解决精细化施工的问题？如何解决施工效率的问题？如何发展绿色建筑？如何发展建筑的工业化？通过本章节的学习，我们将一起探讨。

学习目标

(1) 了解装配式建筑的集成概念

(2) 了解装配式建筑的模数化、标准化概念

(3) 了解装配式建筑协同化管理和BIM技术的应用

7.1 装配式建筑的集成

7.1.1 集成的概念

装配式建筑混凝土结构、钢结构和木结构的相关国家标准都强调装配式建筑的集成化。所谓集成化就是一体化，集成化设计就是一体化设计，在装配式建筑设计中，特指建筑结构系统、外围护系统、设备与管线系统和内装系统的一体化设计。

有人把集成化简单地理解为设计或选择集成化的部品部件，如夹心保温外墙板与集成式厨房等。其实，集成化是很宽泛的概念，或者说是一种设计思维方法，集成有着不同的类型。

1. 多系统统筹设计（A型）

多系统统筹设计并不是非要设计出集成化的部品部件，而是指在设计中对各专业进行协同，对相关因素进行综合考虑与统筹设计。例如，在水电暖通各专业的管线设计时，集中布置并综合考虑建筑功能、结构拆分和内装修等因素。图7-1是多系统统筹设计图例，各专业竖向管线集中布置，减少了穿过楼板的部位。

2. 多系统部品部件设计（B型）

多系统部品部件设计是将不同系统单元集合成一个部品部件。例如，表面装饰层的夹心保温剪力墙板就是结构、门窗、保温、防水和装饰一体化部件，集成了建筑、结构和装饰系统，如图7-2所示；再如，集成式厨房包含了建筑、内装、给水、排水、暖气、通风、燃气和电气各专业内容，如图7-3所示。

图7-1 多系统系统统筹设计图例

图7-2 剪力墙夹心保温板

3. 多单元部品部件设计（C型）

多单元部品部件设计是指将同一系统内不同的单元组合成部品部件。例如，柱和梁都属于结构系统，但是不同的单元，有时候为了减少结构连接点，会将柱与梁设计成一体化构件，如莲藕梁（图7-4）。欧洲装配式建筑有些墙板是梁-墙一体化构件，即把梁做成扁梁,与墙板一体化浇筑,也称暗梁,简化了施工,如图 7-5 所示。

图 7-3 集成式厨房

图 7-4 梁柱一体化构件——莲藕梁

图 7-5 框架结构梁板一体化构件

4. 支持型部品部件设计（D 型）

所谓支持型部品部件,是指单一型的部品部件（如柱子、梁、预制楼板等）,虽然没有与其他构件集成,但包含了对其他系统或环节的支持性元素,需要在设计时予以考虑。例如预制楼板预埋内装修需要的预埋件（图 7-6）、预制梁预留管线穿过的孔洞（图 7-7）。

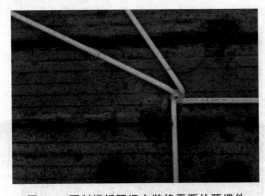

图 7-6 预制楼板预埋内装修需要的预埋件

图 7-7 预制梁预留管线穿过的孔洞

7.1.2　集成的原则

集成设计应遵循以下几个原则。

1. 实用原则

集成的目的是保证和丰富功能、提高质量、减少浪费、降低成本、减少人工和缩短工期等，既不要为了应付规范要求或预制率指标勉强搞集成化，也不能为了作秀搞集成化。集成化设计应进行多方案技术经济分析比较。

2. 统筹原则

不应当简单地把集成化看成仅仅是设计一些多功能部品部件，集成化设计中最重要的是各因素综合考虑，统筹设计，找到最优方案。

3. 信息化原则

集成设计是多专业、多环节协同设计的过程，需建立信息共享渠道和平台，包括各专业信息共享与交流，设计人员与部品部件制作厂家、施工企业的信息共享与交流。信息共享与交流是做好集成设计的前提。其中，BIM 就是集成设计的重要帮手。

4. 效果跟踪原则

设计人员应当跟踪集成设计的实现过程和使用过程，找出问题，避免重复犯错误。

7.1.3　集成设计实例

常见的集成化部品部件包括集成式厨房、集成吊顶、集成墙饰、集成式卫生间、集成式整体收纳和集成式架空地板等。

除了上述常见的集成部品部件外，还有一些集成式特殊用途的部品部件。图 7-8 为贝聿铭设计的位于美国波士顿的肯尼迪图书馆，是一座装配式建筑，采用预制外挂墙板。贝聿铭将塑料水落管设计成方形，凹入墙板接缝处，构成装饰元素。图 7-9 为日本集中式阀门布置；图 7-10 是丹麦的一个建筑，是利用钢结构斜拉杆固定的悬挑很大的集成式玻璃阳台，轻盈漂亮。这些看似微不足道的集成设计或非常巧妙地提升了建筑的形象，或给住户带来了生活的便利。总而言之，集成有着具体的功能目标。

图 7-8　肯尼迪图书馆

图 7-9　日本集中式阀门布置

图 7-10　丹麦集成式玻璃阳台

7.2　装配式建筑的模数化设计

7.2.1　模数的概念

建筑物层高的变化是以 100 mm 为单位的，设计层高有 2.8 m、2.9 m、3.0 m，而不是 2.84 m、2.96 m、3.03 m。这个 100 mm 就是层高变化的模数。建筑物的跨度是以 300 mm 为单位变化的，跨度有 3 m、3.3 m、4.2 m、4.5 m，而没有 3.12 m、4.37 m、5.89 m。这个 300 mm 就是跨度变化的模数。

所谓模数，就是选定的尺寸单位，作为尺度协调中的增值单位。

建筑的基本模数是指模数的基本尺寸单位，用 M 表示，1M＝100 mm。

建筑物、建筑的一部分和建筑部件的模数化尺寸应当是 100 mm 的倍数。扩大模数是基本模数的整数倍数；分模数是基本模数的整数分数。

一般来说，装配式建筑的模数有以下规定。

（1）装配式建筑的开间或柱距、进深或跨度、门窗洞口等宜采用水平扩大模数 $2n$ M、$3n$ M（n 为自然数）。

（2）装配式建筑的层高和门窗洞口高度等宜采用竖向扩大模数数列 n M。

（3）梁、柱、墙等部件的截面尺寸等宜采用竖向扩大模数数列 n M。

（4）构造节点和部件的接口尺寸宜采用分模数数列 $\frac{n}{2}$M，$\frac{n}{5}$M、$\frac{n}{10}$M。

7.2.2　模数协调

模数协调就是按照确定的模数设计建筑物和部品部件的尺寸。模数协调是建筑部品部件制造实现工业化、机械化、自动化和智能化的前提，是正确和精确装配的技术保障，也是降低成本的重要手段。模数协调的具体目标包括以下内容。

（1）实现设计、制造、施工各环节和各专业的互相协调。

（2）对建筑各部位尺寸进行分割，确定集成化部件、预制构件的尺寸和边界条件。

（3）尽可能实现部品部件和配件的标准化，特别是用量大的构件应优选进行标准化设计。

（4）有利于部件、构件的互换性，以及模具的共用性和可改用性。

（5）有利于建筑部件、构件的定位和安装，协调建筑部件与功能空间之间的尺寸关系。

7.2.3 允许误差

模数化设计还需要给出合理的公差。装配式建筑"装配"是关键，保证精确装配的前提是确定合适的公差，也就是允许误差。它包括制作公差、安装公差和位形公差。

（1）制作公差是指部品部件制作时形成的误差。

（2）安装公差是指安装时为保证与相邻部件或分部件之间的连接所需要的最小空间，也称空隙，如外挂墙板之间的空隙。

（3）位形公差是指在力学、物理和化学作用下，建筑部件或分部件所产生的位移和变形的允许偏差，墙板的温度变形就属于位形公差。

7.3 装配式建筑的标准化设计

装配式建筑的部品部件及其连接应采用标准化、系列化的设计方法，主要包括①尺寸的标准化；②规格系列的标准化；③构造、连接节点和接口的标准化。

7.3.1 标准化覆盖范围

装配式建筑受运输条件、各地习俗和气候环境的影响，地域性很强，标准化不一定非要强求大一统。配件、安装节点和接口可以要求大范围实现标准化；但受运输、地方材料、气候、民俗限制和影响的部品部件，实行小范围标准化即可。例如，钢筋连接套筒可以实现全国范围的标准化，但小建筑的外墙板就没有必要也不可能实现相同的标准化，各自制定本地区的标准即可。

7.3.2 关于标准化设计的提醒

1. 标准化不能牺牲建筑的艺术性

建筑不仅要满足人的居住和工作功能，还要实现艺术性。艺术是建筑的固有属性。没有个性就没有艺术，不能将建筑都设计成千篇一律的样子。装配式建筑既要实现标准化，又要实现艺术化和个性化。

美国著名建筑大师山崎实在 20 世纪 50 年代设计的位于美国中部城市圣路易斯市的廉租房社区（图 7-11），由于过于强调标准化，建筑单调呆板，没有人愿意居住。18 年后，开发商只好炸掉它重新建设。这个事件是建筑工业化的一个警钟，不能因为标准化而牺牲了艺术。

图 7-11　圣路易斯市的廉租房社区

2. 标准化不等于照搬标准图

建筑功能、风格和结构千变万化，标准图不可能包罗万象，所以一定要依据具体项目的具体情况进行标准化设计，而不能千篇一律，照搬标准图。

3. 实现标准化的主导环节

实现标准化的主导环节是标准的制定者，国外一般是行业协会或一个大型企业。例如，日本积水公司及大和公司，各自每年装配式别墅销量达 5 万套以上，他们的企业标准应用范围就很广。国内标准化的主导者是国家行业主管部门、地方政府、行业协会和大型企业。每个具体工程项目的设计师关于标准化设计所能做的工作仅限于以下几个。

（1）按照标准图设计。

（2）选用已有的标准化部品部件。

（3）设计符合模数协调的原则。

7.3.3　模块化设计

所谓模块是指建筑中相对独立、具有特定功能、能够通用互换的单元。装配式建筑的部品部件及部品部件的接口宜采用模块化设计。

例如，集成式厨房就是由若干个模块组成的，包括灶台模块、洗涤池模块和厨房收纳模块等。图 7-12 是香港白沙角住宅社区的模块化整体飘窗和带遮阳板的整体窗户，可以用在不同的户型中。模块化设计需要建筑师具有比较强的装配式意识、标准化意识和组合意识（"乐高"意识）。

图 7-12　模块化整体飘窗

7.4　装配式建筑的协同设计

7.4.1　装配式建筑要强调协同设计

协同设计是指各专业（建筑、结构、装修、设备与管线系统等专业）、各个环节（设计、工厂和施工环节）进行一体化设计。装配式建筑对协同设计的要求比现浇混凝土建筑要强烈得多。

（1）对于装配式建筑，特别是装配式混凝土建筑，各专业和各环节的一些预埋件及预埋物要埋设在预制构件里，一旦构件设计图中没有设计进去，或者位置不准，等构件到了现场就很难补救，会造成很大的损失。砸墙凿槽容易凿断钢筋或破坏混凝土保护层，形成结构安全隐患。

（2）按照相关国家标准的要求，装配式建筑应进行全装修，装修设计必须提前进行，因为许多装修预埋件预埋物要设计到构件图中。

（3）按照相关国家标准要求，装配式建筑需进行管线分离与同层排水，这需要各相关专业密切协同设计。

（4）预制构件制作过程需要的脱模与翻转等吊点，安装过程需要的吊点和预埋件，还有施工设施需要埋设在构件中的预埋件，都需要设计到预制构件图中，一旦遗漏，则很难补救。

7.4.2　进行协同设计

（1）设计协同的要点是各专业、各环节和各要素的统筹考虑。

（2）建立以建筑师和结构工程师为主导的设计团队，负责协同，明确协同责任。

（3）建立信息交流平台。组织各专业、各环节之间的信息交流和讨论。

（4）采用"叠合绘图"方式，把各专业相关设计汇集在一张图上，以便更好地检查"碰撞"与"遗漏"。

（5）设计早期就与制作工厂和施工企业进行互动。

（6）装修设计需与建筑结构设计同期展开。

（7）使用 BIM 技术手段进行全链条信息管理。

7.4.3　协同设计内容清单

协同设计内容繁多，这里只是给出概略，重在建立"拉清单"的思路。

（1）外围护系统设计需要建筑、结构、电气（防雷）和给水（太阳能一体化）等专业协同。

（2）设备与管线布置，如何穿过楼板、梁或墙体，需要设备管线各专业（避免碰撞）与建筑、结构和装修设计协同。管线、阀门与表箱应集中布置，设备与管线系统内各个专业、与建筑、结构和内装等系统之间必须协同。

（3）设备与管线系统各专业埋设或敷设管线和安装设备等，需埋置预埋件、预埋物或预留孔洞；在预制构件中，需设备管线各专业与建筑、结构和装修专业等进行协同，将各专业与装配式有关的所有要求和节点构造准确、定量、清楚地表达在建筑、结构和预制构件制作图中。

（4）进行集成式厨房（图 7-13）和集成式卫生间（图 7-14）设计或选用时，需要建筑、结构、装修、设备与管线系统各专业与部品制作厂家进行协同。这包括室内布置关系，在预制构件里埋置安装部品的预埋件，设计管线接口和检修孔，等等。

（5）进行内装和整体收纳设计时，建筑、结构、装修和设备管线有关专业应进行协同。所有同装修有关的预埋件、预埋物和预留孔洞（甚至包括安装窗帘的预埋件）等，如果位于预制构件处，都必须落到预制构件制作图上，不能遗漏。

（6）内装设计需要与其他专业协同的内容主要包括吊顶、墙体固定和整体收纳柜固定等预埋件布置。

（7）管线分离、同层排水和地热系统等，需要与建筑、结构、装修和设备管线系统等专业进行协同。

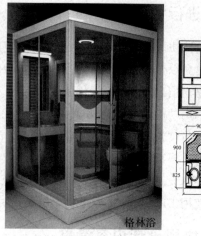

图 7-13　集成式厨房　　　　　　　　图 7-14　集成式卫生间

7.4.4　设计、制作、施工的协同

装配式建筑追求集约化效应，通过设计、制作、施工的协同可以保证建筑质量、降低成本、缩短工期。

（1）在装配式建筑设计前，设计单位一定要邀请预制构件和集成部品部件制作单位、施工企业进行交流，请他们提出便于制作和安装的建议及一些专业性的要求，并收集索要集成部品部件样本或图集等资料。

（2）请工厂和施工企业提交制作与施工环节所有需要的预埋件、吊点和预留孔洞等，设计到构件制作图中。

（3）在设计过程中尤其是在设计各专业协同过程中发现一些问题，也需要征求制作单位和施工企业的意见。

（4）设计完成后要组织向制作厂家和施工单位进行图样审查和技术交底。

（5）预制构件和集成部品部件制作单位在产品制作阶段，要严格按照设计图样等资料进行制作，如果发现设计图样有误或者难于实现制作和安装的设计问题，必须与设计单位、制作单位进行协同，由设计单位进行图样修改，或者下达技术变更，严禁私自进行调整或变更。制作阶段在设计允许的范围内要尽可能考虑到安装的便利性。

（6）施工企业要严格按照设计图样进行施工，要与预制构件和集成部品部件制作单位协同安装施工事宜，尤其是在一些复杂预制构件的安装过程中，当发现设计、制作存在问题（如预埋件、预留口洞遗漏等时），必须与设计和制作单位协同沟通，请设计单位给出变更或返工等意见，严禁私自进行"埋设"作业，也不能砸墙凿洞和随意打膨胀螺栓。

7.5　BIM 技术在装配式建筑中的应用

装配式建筑的核心为建筑物构件的拼装，而 BIM 技术是装配式各构件的主线。这条主线串联起建筑设计、构件生产、建筑施工、装修维修和运维管理的全过程，服务于设计、施工、运维和拆除的全生命周期。

虽然装配式有很多优点，但它在设计、生产及施工中要求很高，与传统的现浇混凝土建筑相比，设计要求更精细化，需要增加深化设计过程。高要求必将带来一定的技术困难，这些问题在 PC 建筑建造全生命周期中信息交换频繁，很容易发生沟通不良与信息重复创建等传统建筑业存在的信息化技术问题，这些问题在预制装配式建筑中更加突出。BIM 模型以 3D 数字技术为基础，以建筑全生命周期为主线，将建筑产业链各个环节关联起来并集成项目相关信息的数据模型。图 7-15 为装配式预制板。

图 7-15　装配式预制板

（1）BIM 技术通过数字化与虚拟化的信息描述，实现构件模型的可视化装配，以及装配过程全方位的信息化集成，提高装配式建筑的工作效率。

装配式建筑虽然和传统建筑业的浇筑模式略有区别，但总的来说，还是需要把各构件组装在一起，在预制构建的设计过程中，需要各专业人士的紧密配合，运用 BIM 技术所构件建的设计平台，对设计方案进行同步修改，通过碰撞和自动纠错功能自动筛选出各专业之间的设计冲突，提高工作效率。图 7-16 为装配式预制墙。

图 7-16　装配式预制墙

（2）实现装配式预制构件的标准化管理。运用 BIM 技术将装配式建筑的各构件存储于"云端"服务器上，在云端进行构件尺寸与样式等信息的整合，并规范装配式建筑的构件族库，以规范装配式建筑的规格，利用统一的构件元素，实现不同装配式建筑物的多样性需求。图 7-17 为装配式预制 T 形梁。

图 7-17　装配式预制 T 形梁

（3）通过运用 BIM 技术，建筑设计师可以将装配式建筑的预制构件进行精细化设计，减少装配式建筑在施工过程中出现的装配式偏差，避免因设计冲突造成的安装错误，避免返工，减少资源的相对浪费。图 7-18 为装配式预制细部构件。

预制外挂墙板

预制阳台

预制楼梯、空调板

图 7-18　装配式预制细部构件

（4）提高施工现场的工作效率。装配式建筑的吊装工艺复杂，施工的机械化程度比较高，可以运用 BIM 技术在装配施工之前对施工流程进行模拟和优化，从而加快施工现场的工作效率，也可以模拟施工现场的安全突发事故，完善施工安全管理规范，排除安全隐患，从而避免安全事故的可能性。图 7-19 为装配式墙体安装。

图 7-19　装配式墙体安装

情景作业

1. 什么是装配式建筑的集成？
2. 集成设计应遵循哪些原则？
3. 什么是装配式建筑的模数？
4. 什么是装配式建筑的模块？
5. 什么是装配式建筑的协同设计？

参考文献

[1] 郭学明. 装配式混凝土结构建筑的设计、制作与施工 [M]. 北京：机械工业出版社，2017.

[2] 中国建筑标准设计研究院. 装配式建筑系列标准应用实施指南 [M]. 北京：中国计划出版社，2016.

[3] 王翔. 装配式混凝土结构建筑现场施工细节详解 [M]. 北京：化学工业出版社，2017.

[4] 徐其功. 装配式混凝土结构设计 [M]. 北京：中国建筑工业出版社，2017.

[5] 刘海成，郑勇. 装配式剪力墙结构深化设计、构件制作与施工安装技术指南 [M]. 北京：中国建筑工业出版社，2016.

[6] 栾海明. 装配式建筑技术标准条文链接与解读 [M]. 北京：机械工业出版社，2017.

[7] 郭学明. 装配式建筑概论 [M]. 北京：机械工业出版社，2018.

[8] 叶明. 装配式建筑概论 [M]. 北京：中国建筑工业出版社，2018.